养蜂
技术大全

［日］松本文男　著　　王丹霞　译
（花园养蜂场）

机械工业出版社
CHINA MACHINE PRESS

养蜂的一天
从蜂场的巡视开始

观察进出巢门的蜜蜂们，

根据当天蜜蜂的状态、拍打翅膀的声音大致可以了解蜂巢里的状况。

看看蜂群状态如何，植物是否开花泌蜜。

通过观察蜜蜂和自然条件来决定当天的工作内容。

蜜蜂收集花蜜和花粉

飞出蜂巢的蜜蜂，往往是已经熟悉巢内工作，经验老到的工蜂。

它们将采集的花蜜通过口器交接给在蜂巢等待的蜜蜂后再次飞出蜂巢。

当有许多蜜蜂脚上带着花粉满载而归时，

就说明蜂巢内部蜜蜂的育儿正当时。

蜜蜂在距离巢箱2～3千米范围内采集花蜜和花粉。

一只蜜蜂一生所采集的蜂蜜大约只有一小汤勺。

前　言

和蜜蜂一起生活

　　之所以到了50岁才开始经营花园养蜂场，是因为我久久不能忘怀儿时在小伙伴家尝过的蜂蜜的味道。那个蜂蜜里夹杂着白色的结晶，现在想来那或许不是日本产的蜂蜜。在那之后，为了寻找美味的蜂蜜，我尝遍了日本各地的蜂蜜，却始终未能找到能与之相媲美的味道。

　　看来要尝到美味的蜂蜜，只有靠自己养蜂了。这便是我开始养蜂的契机。同时，我也想找一份能让我坚持一辈子的工作，而养蜂正好也与这一想法相契合。

　　我从小就喜欢动物。在老家的时候我养过耕田的牛。在牛还是幼崽的时候我很疼爱它，长大后的它与我十分亲密，外出散步时经常跟在我身后。如果人们带着爱去对待动物，动物自然也会明白人的心意。人与动物是心意相通的。

　　如今，我的生活被蜜蜂所围绕着，养蜂与养牛也是一样的。正是因为有了蜜蜂，我才能够实现养蜂。我想和蜜蜂一直生活下去。

　　如果知道明天要下雨，我便会减少取蜜，给蜜蜂留些备用的口粮。看到刚出生尚不能飞的蜜蜂掉落在巢箱之外，我便会拿着镊子小心翼翼地将其捡起。打开巢箱时，轻轻道一声"我要开门咯"，关上盖子时，也会道一声"小心别被夹到了"。这样日复一日，按照蜜蜂的习性加以照料，便能够明白小小蜜蜂们的心思。养蜂路上我所做的，都是蜜蜂教给我的。

　　本书的编写得到了玉川大学名誉教授佐佐木正己的大力支持。在本书中我参考了佐佐木教授的《蜜蜂看到的花世界》（海游舍），引用了书中蜜蜂生态及蜜源植物相关的内容，在此我表示衷心的感谢。在介绍日本蜜蜂（东方蜜蜂的一个亚种）的饲养方法时，也得到了岩波金太郎先生的大力支持。在介绍意蜂的基础上，能够对日本蜜蜂也加以介绍，离不开岩波先生的帮助，在此表示感谢。

　　蜜蜂通过造访无数的花朵，采集花蜜、花粉，帮助植物授粉，为我们提供蜂蜜。我们人类也很难做到像蜜蜂这样勤劳。春季，一只蜜蜂的劳动成果能惠及10~20只蜜蜂，所以我们要珍惜蜜蜂，不能浪费任何一只蜜蜂的生命。

　　20多年来，我与蜜蜂朝夕相处、坦诚相待，我为此而自豪。我所摸索出来的养蜂技术，其实也就是我一点点积累起来的经验和对蜜蜂的观察。希望我的思考及养蜂人生，能够为大家养蜂提供些许帮助。

松本文男（花园养蜂场）

目 录

第3章
日本蜜蜂的饲养方法

第4章
蜜蜂的生态和饲养的历史

第5章
种植蜜源植物

附　录

第 1 章
意蜂的饲养准备

要开始与蜜蜂一起生活,

我们需要准备蜂箱及其相关工具、养蜂作业
所需工具。

准备工具时应提前了解各工具的作用,以便
找到合适的。

另外,养蜂还需提交申请。

蜂箱及其相关工具

为方便作业并为蜜蜂创造一个舒适的环境，养蜂需选取相应规格的工具。选择工具时最重要的就是要方便作业。

巢框
也称为巢板

蜂箱
简单来讲就是蜜蜂的房子。日本一般采用郎氏蜂箱，由巢箱和继箱组成。箱子尺寸各不相同，花园养蜂场使用的是定制的3号巢箱，宽37厘米。在巢箱正面下方有1个巢门。

通气口
在上方有1个通气口，通气口处装有金属网。

两层的情况

巢门
蜜蜂进出的地方。

1层的情况

继箱
和巢箱大小相同，没有底和盖。最常见的是两层，也可以继续叠加到3层或4层。

隔王板
装在巢箱与继箱之间。工蜂可以穿过隔王板的格子，但是蜂王穿不过。

🐝 蜂箱的材质是什么

重量轻的柏木或是杉木适合用来做蜂箱。沉甸甸的蜂箱不方便搬动，特别是装上巢框之后会更重，因此选择较轻材质的蜂箱才是明智之举。柏木比杉木更加防水，因此花园养蜂场采用的是柏木。

麻布
为了避免巢框和盖子之间出现赘脾，可将麻布放在巢框上方。也可使用剪裁后的装咖啡豆的空麻袋。

保温隔热布
放在麻布上方用来保温隔热。为防止蜜蜂钩住，使用时可缝上一层防草布。

巢框（巢板）

郎斯特罗什巢框（图左）与霍夫曼巢框（图右）

巢框是用来固定巢础的，分为郎斯特罗什（郎氏）巢框和霍夫曼（霍氏）巢框两种。郎氏巢框的上梁和侧梁同宽，而霍氏巢框的侧梁上方会较宽。花园养蜂场主要采用霍氏巢框，蜜蜂不容易被夹住。

Ⓐ

Ⓑ

间隙

巢础框（参见第18~21页）

巢础框是在木框上面镶一层薄的蜡板（巢础），蜡板上面的蜂房是六边形的，且蜂房底部和蜂房壁上边缘呈凸起状。巢础框下方如果有缝隙（图Ⓑ），蜜蜂容易在间隙处构建赘脾或王台，因此花园养蜂场采用的是下方没有间隙的巢础框（图Ⓐ）。

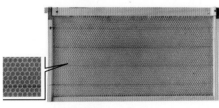

巢脾（半满）

指的是蜜蜂构筑到一半的蜂房。花园养蜂场会在采收蜂蜜后让蜜蜂构筑下一年的蜂房。

巢脾（全满）

指的是已完成蜂房构筑的巢础框，即蜜蜂能够马上开始产卵、储藏蜜和花粉的巢础框。

什么是框距?

我们将巢框与巢框之间的距离称为框距。每个养蜂人对最适宜的框距想法各异。花园养蜂场的框距为12毫米（右），利用三角塑料块来隔开，确保间隔为12毫米。虽然这个距离较宽，但却有利于蜜蜂储蜜和生长。左边是没有使用三角塑料块的，间距为9毫米。

放9个巢框的情况

在巢框上追加三角塑料块后最多可以放9个巢框，框距为12毫米。建议养蜂初学者采取这样的做法。

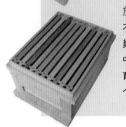

放10个巢框的情况

不放三角塑料块则可以放10个巢框，框距为9毫米。自然界中，蜜蜂生长到9毫米时便开始育儿，因此也有人支持采用10个巢框。

不同容量的饲喂器

饲喂器

用来给蜜蜂投喂糖液的木制容器。最大的能够放入2升糖液。也有小号的（下），底部深度比最大的浅1/2左右。

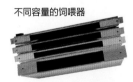

雄蜂框

铺有雄蜂专用巢础的巢框，蜂房比工蜂的大。花园养蜂场固定将雄蜂框放在蜂箱的左边（参见第79页）。

养蜂所需工具

有好的养蜂工具，作业效率便会提高。

工具的材质、作用、价格各不相同，蜂农应当选择适合自己的。

花园养蜂场里有不少工具是我们根据实际需要自行制作的。

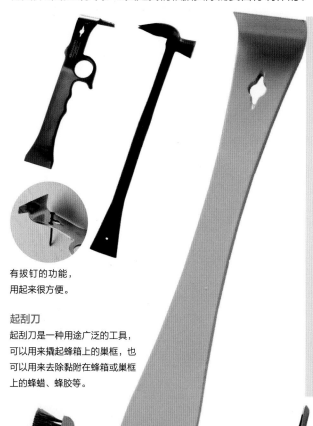

有拔钉的功能，
用起来很方便。

起刮刀
起刮刀是一种用途广泛的工具，
可以用来撬起蜂箱上的巢框，也
可以用来去除黏附在蜂箱或巢框
上的蜂蜡、蜂胶等。

🐝 选择起刮刀时要看用起来是否方便

起刮刀英文名称为 hive tool，意思
是蜂箱的工具。正如其名，起刮刀是用
于蜂箱周围作业的工具，能够去除黏附
在巢框和盖子上的蜂蜡、蜂胶，有一些
多功能起刮刀还附带有锤子、铁环，有
拔钉的功能。既有铜铁做成的，也有不
锈钢做成的，材料不同，重量也大不相
同。选择时应看看使用起来是否方便。

蜂扫
在检查蜂箱或采收蜂蜜时，取出巢框后
为了扫走巢脾上的蜜蜂时所使用的工
具。采收蜂蜜时取出巢框之后，养蜂人
通常通过抖动巢框来抖掉巢脾上的蜜
蜂，对于抖动后没有掉下的蜜蜂则会使
用蜂扫将蜜蜂轻轻扫走。盖上蜂箱的盖
子时也会使用蜂扫，以防止蜜蜂被夹
伤。蜂扫的毛多为柔软的马鬃。照片所
示的蜂扫把手处还带有其他工具。

镊子
一般养蜂人会使用养蜂专用的
镊子，花园养蜂场采用的是医
用镊子。镊子用途广泛，可用
来挪动蜂王、夹取雄蜂等。

巢框夹
用来夹巢框的夹子。使用巢框夹可
以单手从正上方将巢框夹起。即使
巢框上沾满了蜂蜜，也可以用巢框
夹将其牢牢夹紧。

喷烟器

蜜蜂有惧烟的本能，喷烟器用于镇静和驯服蜜蜂。喷烟器的金属烟筒上装有风箱，还带有钩子，在作业结束之后可以挂在腰间，十分方便。

木醋液

木醋液是烧炭的副产品，用于烟熏或是除臭，与水以1∶1的比例稀释后使用。应选购质量信得过的木醋液。

电解水

用微酸性电解水生成装置制作的电解水主要用于消毒。一般认为电解水能有效消灭蜜蜂球囊菌——白垩病的病原菌。花园养蜂场利用电解水来消毒除臭。

白粉笔

用来在蜂箱上记录检查日及作业的进展。通过粉笔在蜂箱上记录信息，除了自己可以确认以外，多人共同养蜂时，也能起到信息共享的作用。

糖度计

用于测蜂蜜糖度的工具，适合养蜂初学者用来判断采收蜂蜜的时机。

电子温度计

用于测量蜂箱内外温度。为确认蜂箱内部是否保持在一定温度，初养蜂者可以随时用电子温度计来测量。

捞蜂网

用来捞起掉落在饲喂器中的蜜蜂。这是花园养蜂场根据饲喂器宽度自制的工具。

养蜂的服装及装备

作业时的最低要求是不要将皮肤外露，以免被蜜蜂蜇伤。所以应当穿戴各种装备，如防蜂帽，以保护脸部和头部。为了能够安全舒适地开展作业，养蜂人切记要穿戴好防蜂装备。

面网

戴在头上用来防止脸部、头部被蜇的网。面网有各种类型，既有戴上草帽后在上面罩上一层面网的，也有帽子面网一体的或是可折叠可洗的。

防蜂服

一般认为选用白色等浅色的防蜂服较佳，要避开黑色等深色，但红色的防蜂服也可以。

面网下方若留有缝隙，蜜蜂会进入面网内，因此应当系紧带子，防止蜜蜂进入。

手套

花园养蜂场使用皮革的作业手套。橡胶手套长时间使用会感到闷热，可能会导致手指受伤。皮革手套穿戴舒适，方便作业。

袖套

袖套能够包住上衣袖口到手套之间的部位，防止蜜蜂从袖口进入。如果能够把脚部也包上则更加安心。市面上有种类多样的袖套，也可手工自制。

工具包

常年使用，经不断改造后使用起来很方便。

腰包

腰包各式各样。有一些可穿过皮带挂在腰间，有些是用绳子固定在腰间，选择自己适用的即可。养成将工具随时放在腰包的习惯，就不容易丢失工具了。

橡胶底袜子

长时间穿着透气性差的长靴会感到闷热，不方便作业。我们推荐橡胶底袜子，长时间穿着也不易疲劳，最适合养蜂作业时穿。

安全鞋

鞋尖处装有铁片，能够保护脚尖，防止重物掉落砸伤脚或者尖锐物扎到脚。

长靴

长靴采用有伸缩性的材料制作，方便作业，适合在有朝露的早晨穿着。

准备好装备才能实现快速便捷的作业。

制作巢础框

巢础框的制作一般是在冬季，这时养蜂工作告一段落，可以腾出空来集中制作。

多在工具制作上 下功夫，提高工作效率

市面上也有销售现成的巢础框。自己下功夫制作出来的巢础框会更加牢固，也省钱。花园养蜂场会在冬季制作巢础框。

手工制作时，应注重巢础框的牢固性。这样一来使用分蜜机分离蜂蜜时巢础框才不容易损坏。绑铁丝的时候，应当绷紧固定，拨动时发出像吉他弦一样的声音就可以了。注意选取耐用的螺钉。花园养蜂场制作巢础框所用的工具都是自制的，大家也可以自己尝试制作。

组装巢础框所需的工具

①木框（柏木）②巢础（蜂蜡）③不锈钢铁丝 ④金属扣眼6个 ⑤三角塑料块2个
⑥螺钉6个 ⑦粗针 ⑧大钳子 ⑨小钳子 ⑩铁锤

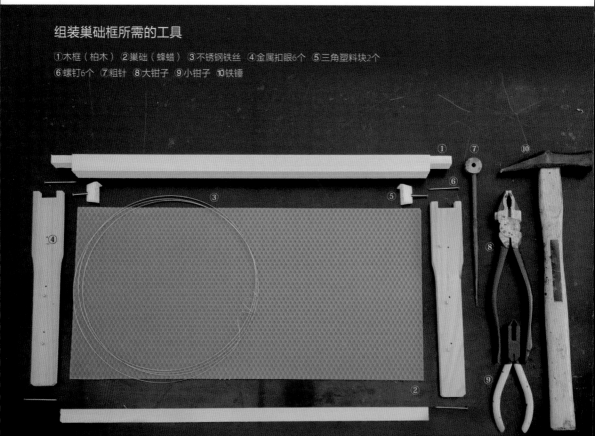

1 组装巢框

巢框组装讲究准确、巧妙。钉子要选择强度佳、耐久性好的。花园养蜂场根据巢框尺寸专门定制了一套用来组装的工具。

❶ 通过螺丝刀穿起3个金属扣眼，将它们一一放到侧梁的孔中。

特制的金属扣眼盘。这个盘子带有一定的倾斜角度，这样金属扣眼上带金属边的一端便会朝下，方便用螺丝刀穿起来。花园养蜂场使用的是改良过的精密螺丝刀，能够一次性穿起3个金属扣眼。

❷ 将侧梁插入组装台的沟槽中（放金属扣眼的一侧要朝外）。

❸ 将上梁夹在两个侧梁之间。

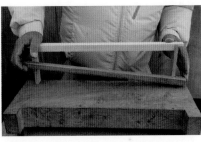

❹ 将コ形的木框（自制）倾斜着卡在侧梁后向上拉，牢牢地固定木框。

使用长3.8厘米的螺钉，比起不锈钢材质，铁质的会更好。在铁螺钉上撒盐让螺钉生锈，这样一来螺钉能够更好地卡在木框上。

❺ 在两边钉钉。

❻ 装上下梁，同样在两边钉钉。

上梁突出的部分刚好卡在组装台上。

❼ 完成。

花园养蜂场使用的是自制的组装工具，能够准确快速地组装。

2 | 绑铁丝

绑铁丝是非常重要的工作。只有牢牢绑紧，把巢脾框放在分蜜机上时铁丝才不会脱落。

❶ 将铁丝按照①~⑥的顺序从测梁的孔穿过，这时无须拉紧。

❷ 将铁丝最后的部分用手握住，留下长约一个拳头宽度的铁丝后用钳子剪断。

在一块圆木板上将花盆倒扣，在里面装上轴承，就可以充当卷线筒，把铁丝绕在花盆上，只要一拉铁丝，花盆就会跟着转，这样就可以按照需要拉铁丝。

缠绕一圈后将铁丝插入中央的孔。

❸ 将①的铁丝往④的方向拉，用拇指压住铁丝的同时，将①的铁丝在④的铁丝处绕一圈后插到④孔中。

❹ 我们特制了一个台钳，巢框可以刚好卡在台钳上。放上台钳时要将巢框上梁靠近自己。

❺ 用钳子将⑥孔的铁丝用力拉紧。

❻ 在④⑤的铁丝之间放一根粗针，再次用钳子将⑥拉紧。

❼ 拔掉粗针，用拇指按住③的铁丝，将⑥的铁丝绕在侧面的铁丝上往②的方向用力拉。

为了不使铁丝松弛，可在钳子拉线的同时用左手按住下方和中间的铁丝（左图），松开按住下方铁丝的中指的同时用中指按住中间的铁丝（右图）。绑好的铁丝，用手指一弹就会发出像吉他弦一样的高音。

❽ 在正中央③孔处将铁丝回折，在铁丝上绕一圈后穿过③孔，再用钳子从内侧将铁丝拉紧并剪掉多余的铁丝。

3 装巢础

将巢础放在巢框中间，用埋线器将铁丝嵌入巢础当中。

湿毛巾和湿报纸能起到冷却作用，防止蜂蜡由于温度过高而熔化。

❶ 将湿毛巾和湿报纸铺在垫板上，并用喷水壶浇湿。

❷ 在上梁右方打上三角塑料块，在左边也打上一个。

❸ 将巢础插入上梁的沟槽中，调整巢础位置，使左右间隙相当。

❹ 用脚踩开关按下埋线器电源，小心翼翼地将铁丝嵌入巢础，注意不要穿破巢础。

脚踩开关。

🐝 根据使用习惯安排三角塑料块位置

三角塑料块除了用来平均确定框距，另外一个作用就是用蜂扫扫蜂时方便拿取巢框。因此，个人使用习惯不同，三角塑料块的位置也不同，习惯使用右手拿蜂扫的人可以将三角塑料块打在右边，反之可打在左边。

手指顶住三角塑料块，用蜂扫扫蜂。

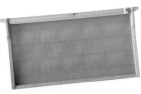

装好的巢础框。蜂蜡附在铁丝上就像平针缝出来的线一样，一段一段的。

装好的巢础框应尽早放入冰箱冷藏，防止巢础翘起。

花园养蜂场出于工作效率考虑，使用了特质的埋线器，能一次性埋3根线。少量制作时可以使用简易埋线器或者烙铁。

蜂箱的放置场所

很多人开始养蜂会选择将蜂箱放在自家庭院里。蜂箱数量较多时则需要找一个养蜂场。蜜蜂容易受环境影响，选择场地时需谨慎挑选。

注意风向和日照

　　蜂箱最好放在日照较好的南向或东向平地上。花园养蜂场位处日本关东地区北部，冬季寒风冷冽，北风不仅会使蜜蜂受寒，而且蜜蜂需逆风返巢，飞行疲惫，因此要尽量避免北风。

　　要避免湿地。湿地有青蛙和蜈蚣等蜜蜂的天敌，也容易使蜜蜂生病。养蜂场设置在畜舍附近或堆肥的田地附近会导致蜂蜜有异味，应远离这些位置，保持3~4千米的距离。蜜蜂喜静，车辆往来频繁的嘈杂地方也不宜。

　　同时，避免设置在学校、幼儿园、住宅密集区、售车处附近。这是为了避免附近居民投诉，如被蜜蜂蜇到或蜜蜂的粪便弄脏了衣服或车身。

　　选址最重要的还是要看方圆2千米以内是否有足够的蜜源植物供蜜蜂采蜜。花园养蜂场把蜂箱放在了自家蜜源植物旁边。槐树和吴茱萸等落叶乔木，夏木成荫，冬季日照甚佳，能够给蜜蜂营造一个舒适的环境。

水池设置

　　如果没有天然的水源，可以在距离蜂箱10~20米的地方设置饮水处。花园养蜂场在自家门口和养蜂场放置了水盆给蜜蜂喝水。蜜蜂不宜喝冷水，等到入秋时在水中放置一个加热器，使水温与日照时的温度相当。

☑ **养蜂场选址清单**

□ 日照好、朝南或朝东的平地

□ 不是在风口，不会被北风吹

□ 不是湿地，干燥

□ 不在畜舍或堆肥农田3~4千米范围内

□ 没有车辆往来等带来的震动

□ 附近没有学校、幼儿园、住宅密集区、售车处

□ 方圆2千米以内有充足的蜜源植物

□ 附近没有喷洒了农药的农田或森林

制作水池时应在水中放一些水草或浮木，让蜜蜂喝水时可以歇脚。蜜蜂喝水时我们可以观察到其腹部一动一动的。

选择方圆2千米内有蜜源植物的地方。

若需租借土地

如果适合养蜂的位置恰好是自有土地那便好办，如果没有找到适合的地方，就得租借土地了。寻找时不必操之过急，可以花上2~3年时间仔细找。如果各项条件都符合便可以找土地主人商量。很多老年人觉得除草很是麻烦，如果能够主动提出帮忙除草，相信土地租借成功率会大大提高。也有人选择在过年过节时给土地主人送上一些自家产的蜂蜜来表示感谢。

只不过，土地租借还需看情况而定，最好还是定下租金，双方签合同比较放心。

✿ 蜜蜂与农药

蜜蜂也是昆虫，杀虫剂同样会伤害蜜蜂。养蜂人日常应多加留意周边农田是否有喷洒农药的信息。一开始设置蜂箱时应当避开喷洒农药的农田和森林。如果是蜂箱安置后出现喷洒农药的情况（方圆2千米以内），应移走蜂箱，把对蜜蜂的伤害控制在最低程度。

根据日照、通风、蜜源植物等条件来决定养蜂场位置。也有人会通过伐木、除草、开垦来开辟一个养蜂场，然后种植蜜源植物、盖房子，做好养蜂的准备。

购买蜂群和提交饲养申请

购买蜂群时，提前咨询、收集信息是非常重要的。应从信得过的养蜂人处购买血统优良的蜂群。养蜂人也有义务向当地有关部门提交养蜂申请。

比起种类更应当重视血统，仔细收集信息

如果饲养意大利蜂（简称意蜂），就需要从养蜂人处购买蜂群。花园养蜂场饲养的蜜蜂主要是意蜂。与其比较饲养意蜂还是卡尼鄂拉蜂（简称卡蜂），养蜂人应更重视蜜蜂的血统。优秀的养蜂人能够培育出血统优良的蜂群，它们气质优雅、不容易分蜂、产蜜能力强、抗病耐寒。

应尽可能从信得过的养蜂人那里购买蜂群。如果附近有指导养蜂技巧的专家，那是最好不过了。让养蜂专家实际看看养蜂场是很重要的。如果无法实现，可以向卖方咨询一些问题，如"蜂王是什么时候出生的？""蜂箱的木框是什么材质的？""有没有检查是否有螨虫或患病？"看看卖方的回答并以此来判断。

花园养蜂场接收的蜂群会附带蜂王的出生年月日。

购买蜂群的最佳时期为春季

蜂群的购买时期应选择春季，这时蜜蜂繁殖旺盛，蜂王产卵多且蜜源丰富，蜂群壮大正当时。到了夏季，蜜源植物开始减少，炎热天气使得蜂王产卵能力下降。夏秋之交需防止胡蜂危害蜂群，秋季又需防寒。

考虑以上因素，对于初学者来说，比较安心的养蜂时间莫过于春季到初夏之间。一开始可以从标准的5张蜂脾、2群（2箱）开始饲养。

☑ **挑选蜂群的要点和列表**

☐ 从可靠的蜂农或商家那里购买

☐ 蜂王年轻，刚出生1年（让卖家告知蜂王年龄）

☐ 蜂群血统优良

☐ 有充足的蜂儿和储蜜

☐ 完成了蜂螨和疾病检查

意蜂
身上呈现美丽的黄色，是优良蜂种。采蜜能力强，不易分蜂，乖巧。

卡蜂
体格大，身体呈黑色。采蜜能力强且耐寒，不过蜇起人来比意蜂痛。

饲养申请书应向各地有关部门确认

养蜂人应当根据规定向蜂场所在地的管辖部门提出养蜂申请。申请书格式各地不一，应向当地部门确认。

花园养蜂场所在的埼玉县规定蜂场需要将每年1月1日的蜂群数量在1月底之前提交给有关部门。如果需要移动蜂箱，则应当根据当年的饲养计划，填写饲养地点、计划饲养蜂群最大数量、饲养期间等信息。如果中间计划有变，应该再次提交。

在埼玉县，提交申请后，家畜保健卫生所的家畜防疫员会上门拜访，检查是否有幼虫腐臭病（烂子病）等传染性病害。

果农因果树需要授粉而使用蜜蜂或者研究机构饲养蜜蜂等，不会出现传染性病害扩散的情况，则无须提出申请。但是，如果对采得的蜂蜜进行销售，则需提交饲养申请。

饲养申请书的样例（埼玉县用表）。

⮞ 转移到县外饲养的情况

出于越冬或者采蜂蜡的需要，有时蜂农需要将蜜蜂转移到其他地方饲养。有转移计划时，应提前告知转移后所在地的相关部门，提前提交蜜蜂转移饲养许可申请书。

转移饲养许可申请书和蜜蜂饲养申请书一样，格式和提交时间各地规定不同，需要事前咨询。有时候有些部门还会要求提交土地主人的土地出借承诺书。

埼玉县是在5月之前收集蜂农的转移计划，6月召开会议。这是因为如果有蜂农有新的转移计划，需要调整原有养蜂场和蜂箱的放置场所。

蜂农需要在申请书上贴上收讫贴纸并提交给相关部门，1处1群费用为150日元（折合人民币约10元），上限为2300日元（折合人民币约150元）。转移到埼玉县饲养的，多是从北方来过冬的。

花园养蜂场在夏季会将蜜蜂转移到长野县饲养，所以需要向长野县有关部门提交申请。

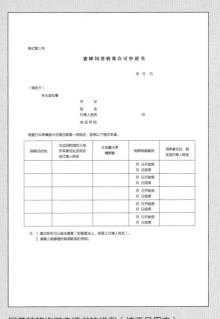

饲养转移许可申请书的样例（埼玉县用表）。

如何防止被蜜蜂蜇伤

蜜蜂不会轻易地蜇人，穿好装备、不做出冒犯蜜蜂的行为是不会突然被蜜蜂蜇到的。即使被蜇到，提前了解处理措施也不用担心。

会蜇人的只有工蜂

蜜蜂的蜂针是由雌蜂的产卵管转变而来的，因此雄蜂是没有蜂针的。也就是说，会蜇人的只有雌性工蜂和蜂王。由于蜂王的蜂针是在与别的蜂王相争时作为武器使用的，因此会用蜂针去蜇人类等外敌的只有雌性工蜂。

蜂针在不使用时藏在腹部下方，当蜜蜂决意发起攻击时才会伸出来。蜂针的前端像锯子一样呈齿状，一旦被蜇，蜂针会挂住，无法轻易拔下。

蜜蜂蜇人后，蜂针脱落，附着在蜂针上的毒液便会被注入人体。蜜蜂在失去蜂针后不久即会死亡，所以蜜蜂的这一行为是以生命为代价的。

蜜蜂会在什么时候发怒呢

日常温和对待蜜蜂，不做一些惹它们生气的行为，蜜蜂是不会无故伤人的，因此我们也不必战战兢兢。

特别要注意的是避免动作粗暴。蜜蜂对声音震动十分敏感，猛地一下打开盖子或者碰掉巢框就很可能被攻击。站在巢门正前方也会招致蜜蜂不满，因此作业时应选择站在蜂箱侧面或后方。蜜蜂嗅觉敏锐，身上带有酒臭味或香水味过浓的人，也较容易遭蜜蜂攻击。

除此之外，采收蜂蜜后的第二天或天气恶劣时，蜜蜂也容易发起攻击。当蜜蜂在耳旁振翅发出嗡嗡响进行示威时，无须惊慌或用手赶走，冷静下来，安静地离开便可。

☑ **容易被蜇的情况**

☐ 发出较大的声响

☐ 大幅度动作、跑动

☐ 站在巢门前

☐ 身上有酒臭味

☐ 身上香水味道过浓

☐ 采收蜂蜜后的第二天

☐ 大雨强风的天气

蜜蜂心情愉悦时不会蜇人。

被蜇伤后的处理

被蜜蜂蜇到的部位会残留蜂针，应尽早取出，冷敷被蜇伤部位。拔针时应注意不可捏住蜂针往外拔，这样反而会使毒液残留在体内，应当如右图所示，用手指甲刮掉蜂针。

养蜂很容易被蜜蜂蜇到，蜂农应当提前检查自身是否对蜂毒过敏。

被蜇之后如果身体有多处发红、呼吸困难、血压下降等症状，有可能是蜂毒引起的过敏反应，应及时到医院就诊。

被蜇后较痛的部位

被蜇后较疼痛的部位，多是神经密集的脸部或手指。特别是眼睛周围被蜇，有可能会肿得跟拳击选手被打一样。另外，蜜蜂喜欢钻到昏暗的地方去，因此鼻孔、耳孔也是易受攻击的部位。

不管是什么作业，蜂农都应当穿戴好面网，不要留有空隙。

右边列举的是花园养蜂场员工选出的被蜇后较痛部位的排行榜。

蜂针的拔取方法

用手指捏住蜂针往外拔，由于蜂针上有倒钩部分，这样处理反而会使毒液进入皮肤内部。

蜂针掉落

正确的方法是用手指甲刮除，使蜂针从患处脱落。

通过蜇人发起守护蜂群的最后一击。

被蜇后较痛的部位	1. 鼻孔	2. 耳孔	3. 眼睛周围

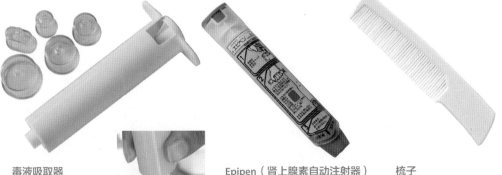

毒液吸取器
被蜜蜂蜇伤后能尽早吸取蜂毒的工具。被胡蜂蜇伤时也可使用。

Epipen（肾上腺素自动注射器）
被蜇伤后发生过敏性休克时用来缓解症状的自动注射器。蜂农应当提前检查自身是否对蜂毒过敏。

梳子
有时蜜蜂会钻进人的头发里，因无法逃离而蜇人。这时可以用梳子轻轻地将蜜蜂梳落。

花园养蜂场的蜜源植物

蜜源植物对于养蜂业来说是不可或缺的。

花园养蜂场种有各式各样的蜜源植物，每个时节我们都在关心会有什么花要开了。

蜂农应当有长远的计划，撒花种、栽花苗，为蜜蜂打造一个丰富多彩的花世界。

制作花日历

　　蜂农最重要的工作之一便是把握蜂场附近的蜜源植物和花粉源植物，可以尝试制作从早春到晚秋的花日历，在日历上标出当季开花的蜜源植物和粉源植物。最理想的状态是各式各样的花像接力赛一样依次开放。

　　花卉植物总体比较无常，去年产蜜量可能高得惊人，可到了今年就完全不产蜜了。蜂农应当仔细观察蜜蜂，注意蜜源植物是否流蜜。

油菜花科植物是初春重要的蜜源，能不断开花。

撒种子、栽花苗，营造花世界

　　蜂农应当积极种植花卉植物来作为天然蜜源、花粉源的补充，打造一个让蜜蜂高兴的环境。花园养蜂场内种植了各式各样的蜜源植物。比如，9月便是春季开花的油菜花和长柔毛野豌豆的播种时节。过去人们会把紫云英作为复种轮作的植物来增加土壤肥力，长柔毛野豌豆是豆科植物，同样也可以作为农田的绿肥。这种植物撒落的种子多，鸟儿们也会帮着搬运种子。另外，向日葵是夏季优质的蜜源植物，可以尝试从种子开始栽培。

把4000棵吴茱萸树苗分到各地

　　20世纪90年代后半期，时任埼玉县养蜂协会会长退任之后，花园养蜂场便提案开展增加蜜源植物的活动。当时，专门开展农业教育的筑波大学附属坂户高中的学生也来帮忙，将4000棵蜜蜂最喜欢的吴茱萸树苗分发给了各地的蜂农。

　　种植蜜源植物不能只考虑眼前的得失，应把目光放远，考虑到子孙后代。

蜜蜂到吴茱萸上采蜜。

花园养蜂场某一蜂场的蜜源植物分布

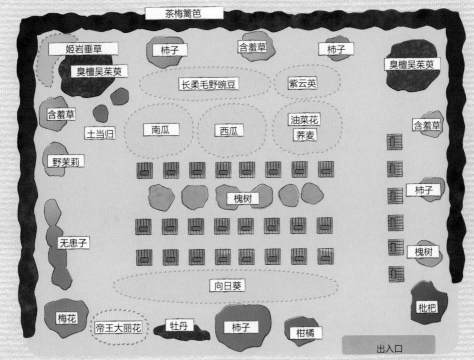

花园养蜂场蜜源植物的花期分布

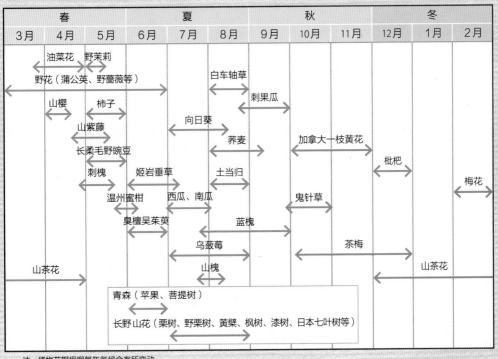

注：植物花期根据每年气候会有所变动。

第 2 章
意蜂的
饲养方法

养蜂始于每天的观察。

春夏秋冬，蜂农应该如何照料蜜蜂呢？

蜜蜂们希望我们做些什么呢？

蜂农应当考虑蜜蜂的心情，

不断积累养蜂经验，提高养蜂技能。

本章使用方法

本章先简要地介绍春夏秋冬各个季节代表性的养蜂作业内容，再依次介绍主要的。读者可以根据自身需要阅读各个季节的内容，如需进一步了解，可以继续阅读本章后半部分内容。

照顾蜜蜂没有唯一答案

养蜂并不是一项单一的机械的工作，没有到了春季就按照这个顺序操作便万事大吉的说法。

作为蜂农应当时常观察蜜蜂、大自然的状态，思考当下应采取哪些措施，将多项作业内容像拼拼图似的组合起来。养蜂作业并不存在唯一正确的组合。

蜂农应当根据情况自行判断进行何种作业。积少成多，久而久之便成了经验。

不同蜂农所选择的作业内容及养蜂技巧各不相同，可以参考花园养蜂场的例子，形成自己的技巧和顺序。花园养蜂场时常告诉员工："蜜蜂会教给我们一切。"只要仔细观察，蜜蜂会告诉我们的。虽然蜜蜂不会说话，只要蜂农不断积累经验，自然就知道蜜蜂需要我们为它们做些什么。这便是养蜂的乐趣所在。

四季的主要作业内容

 春季 （参见第34~39页）

春光浪漫之时，蜜蜂忙着采粉采蜜，繁殖也较旺盛。蜂农的主要工作就是趁着蜂王产卵之时，培育有活力的蜂群。这时除了采收蜂蜜以外，还要做好其他管理工作。

主要作业内容

整理巢框、喂养饲料、内部检查、采收蜂蜜、检查王台、管理雄蜂、培育蜂王、防止分蜂等。

 夏季 （参见第40~45页）

夏季工作内容增加，需要做好应对酷暑、台风、外敌等的措施。这时，蜜蜂的活跃势头变弱，蜂农应当仔细观察蜜蜂的状态，如果有异样应当采取措施。

主要作业内容

内部检查、检查王台、管理雄蜂、培育蜂王、防止分蜂、采收蜂蜜、防暑、防止胡蜂入侵、饲养转移、整理巢框、检查是否患病等。

 秋季 （参见第46~51页）

秋季花开，又是蜜蜂开始繁殖的季节。与春季不同的是，秋季不宜过多采收蜂蜜，需留一些蜂蜜给蜜蜂过冬。到了晚秋时节，应补充糖液，采取防螨措施，让蜜蜂积聚起来越冬。

主要作业内容

内部检查、防止胡蜂入侵、防螨、越冬准备、防寒等。

 冬季 （参见第52、53页）

晚秋做好蜂箱御寒措施后一般不再打开蜂箱。这时候可以利用时间组装巢础框。这样一来，到了春季就可以早早迎接蜂群，开始新一年的养蜂。

主要作业内容

制作巢础框，给蜜蜂提供代用花粉。

饲养技巧

项目	概要	具体作业内容
养蜂准备篇 （参见第56~59页）	说明养蜂前的准备事项。提前预习如何接收装有蜂种的蜂箱、安置的顺序、内部检查时所用喷烟器的使用方法等	收到蜜蜂和蜂箱后（参见第56页）如何让蜜蜂镇静下来（参见第58页）
日常照料篇 （参见第60~73页）	介绍接到蜂种后开始养蜂的基本内容，包括内部检查（打开蜂箱盖子检查内部状况），补充饲料的方法和技巧，巢框巢箱的更新、保管与更换周期、移动方法	内部检查（查看蜂箱内部，参见第60页）、内部检查要点（参见第63页）、喂食的种类和方法（糖液、代用花粉、蜜脾、花粉脾，参见第66页）、巢框和蜂箱的更新与保管（参见第70页）、蜂箱的移动（参见第72页）
蜂群管理篇 （参见第74~91页）	蜜蜂蜂群壮大后便容易出现雄蜂过多或分蜂的情况。难得壮大起来的蜂群如果一旦发生分蜂，蜂群就会一下子失去活力。因此蜂农应当尽早采取对策，巧妙地管理蜂群	增减巢框（参见第74页）、继箱和隔王板的使用方法（参见第75页）、追加继箱（参见第76页）、高效管理雄蜂（参见第78页）、如何防止分蜂（参见第82页）、防止蜜蜂分蜂的五大原则（参见第87页）、蜂群的育成和分割（参见第88页）、合并蜂群（参见第90页）
蜂王培育、 管理篇 （参见第92~105页）	蜂群好坏的关键在于蜂王。蜂群采蜜多、不容易分蜂，说明其蜂王继承了较好的血统。蜂农自主培养蜂王也是为了保证血统良好。蜂王的人工培养需要有丰富的经验和技巧，本书将对此进行详细介绍	培育蜂王的方法（参见第92页）、培育蜂王的工具（参见第94页）、培育蜂王的步骤（移虫、寄放在育成群、导入新蜂王，参见第97页）、如果蜂王不见了（参见第102页）、蜂王不见时的应对方法（参见第104页）、活用旧蜂王（参见第105页）
蜂蜜采收篇 （参见第106~119页）	所谓的采收蜂蜜就是将蜜脾放在分蜜器上，也叫取蜜。听起来貌似简单，但取蜜手法包含着蜂农对蜜蜂的感情。本书将会介绍花园养蜂场的做法	采收蜂蜜的基础知识（参见第106页）、采收蜂蜜的工具（参见第108页）、采收蜂蜜的步骤（扫走蜜脾上的蜜蜂、回收蜜脾放入巢脾、取蜜、装入容器，参见第110页）
外敌应对篇 （参见第120~123页）	蜜蜂的天敌——胡蜂，会在夏末和秋季来袭。如果放任不管，胡蜂有可能会霸占整个蜂箱，因此蜂农应当仔细巡查。本书将介绍花园养蜂场采取的各种措施	应对胡蜂的措施（罩防护网、使用捕捉器、人工用捕虫网捕捉，参见第120页）

春季管理

蜂农的工作从早春便开始。这时蜂农应当一边犒劳刚刚越完冬的蜜蜂，一边壮大蜂群，让蜜蜂以较好的状态迎接蜜源植物高峰期的到来。

春季的主要工作

越冬结束初期，蜜蜂数量变少，早春时节应注意防寒，整理蜜蜂变少的巢脾，为春季第一次流蜜期做好准备。春光烂漫之时，正是蜜源植物花开之时，也是蜜蜂采粉采蜜最为繁忙之时。这时蜂农应当定期确认蜜蜂产卵情况，根据情况追加巢框和继箱来控制蜂群的增势和储蜜。同时，应尽早采取对策防止蜜蜂分蜂。蜂王是一个蜂群的主心骨，蜂农可根据蜂群情况培育导入新蜂王。

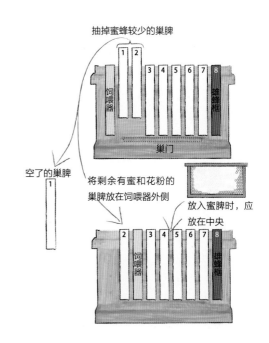

早春作业检查列表
- □ 有多少蜜蜂
- □ 饲料是否充足
- □ 是否已放入代用花粉
- □ 是否有蜂王
- □ 是否开始产卵
- □ 是否患病

早春管理

根据蜜蜂数量抽走巢脾

春姑娘来敲门，梅花四处绽放，天气晴朗时，蜜蜂便开始外出。这时便可以开始开展养蜂工作，以便蜂王可以早早开始产卵，在春季流蜜期来到之前培育出许多工蜂。花园养蜂场在2月便开始用代用花粉喂养蜜蜂（参见第69页）。这是因为我们认为如果周围撒满花粉，蜜蜂们就会想要积极产卵，繁殖下一代。

早春季节第一次真正的蜂箱内部检查要选择在春分前后（春花开放之后）平和无风的日子里。越冬之后蜜蜂的数量通常都会减少2个巢脾的量，为了使巢脾两面都布满蜜蜂，我们应当将没有使用的巢脾抽走（参见第48、74页）。当巢脾上有蜜和花粉时，先将巢脾放在饲喂器的外侧。

抽掉蜜蜂较少的巢脾

空了的巢脾

将剩余有蜜和花粉的巢脾放在饲喂器外侧

放入蜜脾时，应放在中央

这样一来，蜜蜂就会孜孜不倦地将蜜和花粉搬运到饲喂器内侧的巢脾上。

补充饲料时应补充蜜脾，而非糖液

从蜂箱后方将蜂箱向上提，如果感觉较轻就需要补充饲料了。花园养蜂场补充饲料时使用的是提前冷藏起来的蜜脾，而不是糖液。这是因为这个时候气温尚低，如果给蜜蜂补充糖液，很有可能会使蜜蜂受冷生病，需要注意。

为了方便蜜蜂食用，可以用起刮器先刮破封盖。如果完全去掉封盖，蜂蜜就会滴到蜂箱中，可能会导致蜜蜂溺死。另外，蜜脾应放在蜂箱的中央附近，这样蜜蜂可以从两个方向吃到蜂蜜。

春季蜜源植物接二连三地开花，这是蜜蜂一年之中最活跃的季节。

提前冷藏起来的蜜脾。早春可以选择蜜脾作为饲料来代替糖液。

春光正盛时的管理

帮助蜜蜂逐渐壮大蜂群

随着气温上升，春季真正到来，这时便是采蜜和蜂群增势的最佳时期。花粉作为蜜蜂唯一的蛋白质来源，这个时期应当积极给蜜蜂补充，以促进蜜蜂产卵和繁殖。这个时候如果补充糖液，蜜蜂有可能会堆积在蜂房里不出来。因此，在采蜜期间应减少糖液的补充。

内部检查时若发现蜜蜂产卵空间不足，应当在饲料框的内侧追加巢框（参见第74页）。当发现蜜蜂在夜晚没有完全进入蜂箱，大约有1张巢脾的蜜蜂都聚集在外面时，就应当追加继箱了（右图）。

如果某一蜂箱蜂群较弱，决定将其采蜜时期延后，则可以将该箱作为蜜蜂繁殖的巢箱（参见第88页）。或者选择将较弱蜂群汇集在一起让蜜蜂壮大（参见第90页）。

根据王台采取分蜂对策

春季是容易分蜂的季节，蜂农需要敏感地注意到分蜂的征兆，特别是不能忽略王台的情况。蜂农需要判断是因为蜂巢过于狭窄导致蜜蜂才欲分蜂而造王台，还是因为蜂王产卵能力有限而要造一个新蜂王（参见第83页）。

削弱分蜂势头的方法之一就是增加巢框。如果蜂箱里有空间，可以追加巢脾，为蜜蜂创造新的产卵空间。在此基础上，如果分蜂势头还是不减，则可以追加巢础框，这样一来，蜜蜂便会醉心于眼前的造巢工作，自然就能够抑制分蜂。另外，在恰当的时机追加继箱也能够有效控制分蜂势头（参见第76页）。还有一个方法就是人工分蜂，将被造出来的王台巧妙地用于增加蜂群。

巢门外聚集了大量的工蜂，这是追加巢框、继箱的绝佳时机。

从春季持续到秋季的蜂王培育工作。

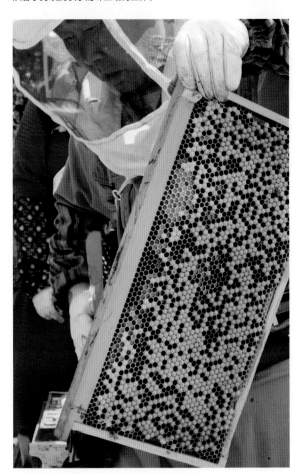

用雄蜂框来管理雄蜂，也能起到防蜂螨的作用。

培育具有优良血统的蜂王

5月春光正酣，是最适合培育蜂王的时候。花园养蜂场在5～9月会使用移虫框和移虫器来人工培育蜂王。从产蜜量多、产卵能力强、不容易分蜂、脾性温和的蜂群的蜂王处挑选幼虫，培育成新蜂王，以增加更多具有优良血统的蜜蜂。

养蜂过程中很多情况都需要引进新蜂王。如有些蜂群的蜂王突然不见了，有些蜂王因为交尾外出而没有回来，除此以外，还有人工分蜂新增加的蜂群和蜂王需要更新换代的蜂群，都需要引进新蜂王。蜂农应当提前做好准备，倒推时间提前培养蜂王，以便能够及时将刚出生的蜂王引进蜂群。

春季的防螨对策和疾病预防

对于雄蜂来说，繁殖可以说就是其生存的唯一目的。过多的雄蜂会引发分蜂，同时也耗费饲料。因此蜂农可以在4～7月期间，以22天或23天为周期清除破蛹羽化前的雄蜂蜂房。

花园养蜂场几乎在所有蜂箱的左侧都放有雄蜂框，通过让发育成雄蜂的卵集中产在雄蜂框来实现更高效的管理。雄蜂较容易被蜂螨寄生，集中管理也可方便在螨虫出蜂房之前将它们一扫而光（参见第78页）。由于采蜜期间不使用除螨剂，蜂农可以通过消除雄蜂来防止蜂螨寄生。

使幼蜂像木乃伊一样变白固化的白垩病往往是在低温、湿度上升的环境下发生的。花园养蜂场会在蜂箱上梁遮上一层保温隔热布和麻布用于管理温度。日常内部检查时也会在巢框上喷上电解水（参见第15页）来防止蜜蜂患病。

采蜜期的管理

确认蜜源植物的流蜜情况

　　4月中旬～7月的采蜜期是蜜蜂和蜂农最为繁忙的时节。

　　蜜源植物也有所谓的大年和小年，既有产蜜量非常多的年份，也有几乎不产蜜的时候。蜂农应当时常查看当年的流蜜情况，而不是把蜂箱放在蜜源植物附近就结束了。如果没有流蜜，蜜蜂有可能会因为没有储蜜而饿死。察觉到没有流蜜，蜂农应当根据需要提供饲料（参见第66页）。另外，近几年由于全球变暖的影响，植物开花季节似乎比以前提前了一些。蜂农应当多多观察，留意蜜源植物的开花时节，而不是只依靠开花日历。

不要操之过急，等待最佳时机再采收蜂蜜

　　如果在采蜜期饲喂糖液，蜂蜜中有可能会掺入糖液，所以应根据需要追加蜜脾。在采蜜用的蜂箱中放入隔王板，放上继箱，等到继箱中的巢脾储蓄了足够的蜂蜜，糖度适合的时候便可以采

在春季蜜源植物——油菜上采蜜的蜜蜂。

定期内检，确认蜜脾的储蜜状况和封盖状况后再采收蜂蜜。

收蜂蜜了。这时回收蜜脾准备取蜜。

花园养蜂场经常将用于蜜蜂繁殖的发黑的巢脾来培养蜜蜂，并放在下层。值得一提的是，我们不在蜂场取蜜。

回收蜜脾后，可以在空出来的地方放入新的巢脾。蜂农应当时常确认有无足够的备用巢脾。

切开封盖取蜜是一个十分烦琐的工作。也有蜂农在蜂房没有封盖的时候就取蜜，但是，蜂房的封盖程度能够反映出糖度。蜂农应当仔细观察，等到最佳时期再取蜜。

☑ **春光正酣时的作业检查列表**

☐ 花粉、饲料是否足够

☐ 是否因为储蜜而没有足够的空间产卵

☐ 蜂箱外部是否聚集了蜜蜂

☐ 是否出现了王台

☐ 蜂王产卵是否顺利

☐ 蜂王还在吗

☐ 蜂王交尾后是否归来

☐ 是否消除了雄蜂框

☐ 是否有患病的症状

夏季管理

夏季是保护蜜蜂的季节。蜜蜂将会面对酷暑、饲料不足、生病、胡蜂、台风的威胁。能够保护蜜蜂的只有蜂农。夏季确实是一个酷暑难耐的季节，蜂农需每天兢兢业业，做好日常养蜂工作。

夏季主要工作

夏季需要继续做好培育蜂王（参见第92页）及雄蜂管理（参见第78页）的工作。由于气温升高，同样的工作内容在夏季会倍感艰辛。人们需要做好防暑工作，蜜蜂也需要防暑。蜂农应当为蜜蜂做好防暑措施，注意不要出现饲料不足的情况，防止蜜蜂中暑而疲劳。

有一些蜂农为了避暑，会将蜜蜂转移到高地去饲养。原来的饲养基地结束采蜜后，用于培育蜜蜂的蜂箱也会增加。另外，夏季也是一个蜜蜂容易患病的季节，要切实做好蜜蜂的健康管理。过了8月中旬，强敌胡蜂便会袭来。对于蜂农来说，夏季是片刻都不得闲的。

利用遮光网缓和日晒

最近几年，盛夏气温高达40℃早已不稀奇，度过夏季对于蜜蜂来说也是一年比一年艰辛。花园养蜂场的工作人员夏季在户外工作时会穿着带有风扇的工作服（空调服）。

工作人员自然是要注意防暑的。对于没有空调服可以避暑的蜜蜂，我们应当尽量为它们做好防暑工作。

花园养蜂场在夏季会给所有的蜂场罩上遮光网来缓和猛烈的日晒。

如果蜂箱数量不是很多，便无须罩上遮光网，在开始养蜂就将蜂箱放置在树荫底下即可。

农业用遮光网可用来遮挡夏日。

炎炎夏日，蜜蜂也感到酷暑难耐，做好防暑对策，帮助蜜蜂度过酷暑。

勤勤恳恳捕胡蜂

　　夏季终于要结束了，这时蜂农又需面对新的问题，那就是胡蜂的入侵。在花园养蜂场，胡蜂会在8月中旬～11月初不断来袭，乘虚而入捕食蜜蜂。特别要注意的是大黄蜂，它们会在单独袭击成功以后携家带口来袭，甚至会侵占蜂巢，消灭所有蜜蜂，因此需要十分小心（参见第120页）。胡蜂的毒针有剧毒，人被蜇到有可能致死。

　　花园养蜂场内搭有拱形支架，在支架上方罩上胡蜂难以通过的防护网。对付胡蜂没有绝对的最佳方案，只能尽早勤勤恳恳地捕获它们。在蜂场配备好各式捕获工具，蜂农可以采取人海战术，交替着到蜂场巡逻，用捕虫网捕获胡蜂（参见第121~123页）。

每天巡视蜂场，一旦发现胡蜂就用网将其捕获。

6~8月开花的吴茱萸是夏季重要的蜜源、粉源植物。

蜜源减少，要注意饲料的补充

　　平地蜜源植物的开花高峰是春季到初夏。一过7月，花园养蜂场周围的花便少了许多。采到的花粉、花蜜减少了，蜜蜂的育儿自然也就会减速。到了8月几乎不产雄蜂，蜂王也因为酷暑而暂时停止产卵。

　　夏季正好是春季在一线采蜜的工蜂和蜂王产下的幼工蜂交替的时节，因此蜂群的蜜蜂数量会暂时减少。梅雨季节，细雨绵绵的时候也是如此。这个时候应当注意是否有饲料不足的情况。如果发觉周围的蜜源、花粉开始枯竭，蜂农可以将蜂箱从后侧提起，如果感觉较轻就可以补充饲料。或者是检查蜂箱内部，如果发现蜜蜂们都跑到蜜脾上方吃饲料，那就说明饲料不足了。这时应当补充糖液和代用花粉。为了让蜜蜂能够平安

豆科蓝槐的花。

度过夏季，采夏蜜时不宜过度，最好是为蜜蜂保留一部分蜜脾。

　　到了7月末，花园养蜂场的黑槐和蓝槐就开始开花了。但是，如果没有足够的蜜源植物，蜂农还是应当根据情况增加蜜脾、补充饲料。

台风登陆前的工作

8月开始到秋季这段时间，常常会有台风登陆日本列岛。近年来台风威力越来越大，带来了前所未有的灾害。应对台风首先应该保证人身安全，作业时应当首先确认周围环境安全与否。另外，蜂农也应当在力所能及的范围内提前采取措施，保护辛苦饲养的蜜蜂免受灾害影响。

花园养蜂场的蜂农一了解到有台风接近的消息便会将之前用于防止胡蜂入侵而罩在拱形支架上的保护网都收起来。如果没有收起来，当大型台风接近时，受强风影响，支架有可能弯曲或折断。

平时将蜂箱放置在一些较妥当的位置自然是必要的，在台风到来之前还需要在蜂箱上压一些东西来增加重量，或者绑上绳子来防止蜂箱倒塌。如果蜂场所在位置地势较低或靠近河边，应当迅速地转移。

让蜜蜂聚集在巢脾的方法

夏季蜜蜂数量会暂时减少，蜂农检查蜂箱内部时，在确认饲料是否充足的同时，还需确认巢框数相对于蜜蜂数量而言是否过多。当发现蜜蜂分布较为分散时应当减少巢框数量。

如果想着让蜂王多产卵而追加巢框，反而会产生相反的效果。试想一下，单身一人住在一个有十几个二十几个房间的房子里，便会多出许多无用的空间。这对蜜蜂来说也是一样的。巢框过多，蜜蜂就会分散，不利于蜂群的壮大。最好的状态是蜜蜂密集地分布在巢脾的两面。

如果能够达到这种理想状态，蜂王产卵便会逐渐增多。等饲喂器中出现了赘脾时，就到了需要加脾扩巢的时候了。

⬡ 注意蜂螨病恶化

采蜜结束后，为了预防蜂螨病，应当在蜂箱中放入除螨剂。过了7月，雄蜂繁殖结束，蜂螨会寄生于工蜂，蜂螨病容易恶化。日本养蜂协会使用的除螨剂是Apivar(双甲脒)和Apistan(氟胺氰菊酯)。这是挂在箱内的药剂，通过让蜜蜂接触药剂上的薄片来发挥效果。

春季蜜蜂容易患上白垩病，在夏季也容易感染。梅雨季节湿气重，蜜蜂容易患病。盛夏时节也有可能患病（参见第197页）。

台风登陆前把所有的网都撤下来。只需像拉窗帘一样将保护网向两旁收起便可立即将其取下。

发现巢脾上未布满蜜蜂时便可以减少巢框。

采收蜂蜜时为蜜蜂保留一部分蜜脾

8月开始的秋蜜与之前的春蜜、夏蜜不同，糖度上升较慢，蜂农需要注意采收蜂蜜的时机。等到90%的蜂房都封盖，这时候糖度才终于上升到80%左右（参见第107页）。

进入夏季，蜜蜂数量和蜜源植物都会减少，有时蜜蜂储藏起来用作食粮的蜂蜜本身就不充足。蜜蜂是养蜂业的根本，采收蜂蜜时应当为蜜蜂保留一些蜜脾，第一层的蜜脾及继箱最里面的蜜脾都不要碰。到了夏季要保留多一些，继箱的两端各保留1张蜜脾作为蜜蜂的备用食粮。

另外，夏季多巢虫，保留起来的蜜脾应当放到冰箱中冷藏，或者采取一些防止巢虫入侵的措施，将蜜脾密封保存（参见第71页）。

巢内冷却离不开水

盛夏时节蜜蜂也会常常到饮水处喝水，这与春季时不同，并不是产卵顺利的象征，而是为了把水带回巢内，通过翅膀扇风，使水蒸发来带走巢内的热量。这个扇风的行为与蜜蜂通过扇风来促进花蜜水分蒸发，浓缩蜂蜜的动作是相同的。蜂农应当时常确认饮水处蜜蜂是否有落脚的地方，水温是否过高等。

工蜂为了给巢内降温正在运水。

内检时发现多余的雄蜂，可以用镊子将其夹走。

雄蜂也要选择纯良的

蜂王的人工培育在5月开始，一直持续到夏季。不管蜂王的血统是何等优秀，如果与蜂王交尾的雄蜂性情暴躁，产下的幼蜂也会遗传到同样的性情。因此，选择雄蜂时也应当选择纯良的。

身上有虎纹的意蜂一般都比较纯良，检查蜂箱发现有黑色的雄蜂时，可以用镊子将其夹走（参见第81页）。

❖ 将蜜蜂转移到长野饲养，让蜜蜂采山花蜜

花园养蜂场会向长野县提交饲养转移许可申请书，在7～8月期间将蜜蜂转移到长野。海拔差异使得植物开花季节各异，如此便可以实现长时间采蜜。长野夏季比较凉爽，将蜜蜂由关东地区转移到长野也可以达到避暑的目的，同时还可以采到金合欢、栗树、山栗树的花蜜。我们曾对花粉做过成分鉴定，从结果来看，山花花粉的主要成分是黄檗花粉与槭树花粉，另外还有木蜡树花粉和冬青树花粉。

栗树的花蜜中含有丰富的铁，颜色与味道十分独特，广受喜爱。

抢夺弱势蜂群的蜂蜜——盗蜂

所谓盗蜂，就是一些没有蜂王或门口看守较弱的弱势蜂群遭到强势蜂群袭击并被盗取蜂蜜。盗蜂一般发生在蜜源植物减少的夏季。不过，即使施害蜂群的蜂蜜充足，盗蜂也仍会发生。在蜜蜂的世界，弱势蜂群往往容易受到欺凌。

偷盗蜂蜜的蜜蜂脚上会沾满蜂蜜，弄脏受害蜂群蜂箱的巢门，所以一看就知道是不是发生了盗蜂。为了避免蜜蜂养成偷盗的习惯，蜂农应尽量不让蜜蜂在蜂箱外吃到蜂蜜和糖液。

如果发生盗蜂，蜂农可以快速采取的应对方法便是隔离受害蜂群和施害蜂群，让两者相距2千米以上。但是这样一来并不意味着受害蜂群就能恢复到原本的状态，这时可以尝试从别的强势蜂群中抽取2张封盖的子脾放入其中。即将出生的幼蜂会效忠于蜂王，这样一来，蜂群便能恢复活力。

巢门外看门的蜜蜂承担着保护蜂群的重要作用。

秋季管理

当夏暑消退，秋季植物开始开花时，蜂王便又开始产卵。秋季也是为越冬做好准备的季节。蜂农应注意要为蜜蜂保留一些蜜脾，不要过度采收蜂蜜。等到秋季采收蜂蜜结束，便可以开始准备越冬了。

秋季的主要工作

初秋时的工作大多是延续夏季的工作，蜂王的培育和采蜜会一直持续到秋分。秋季采收蜂蜜时，蜂农应牢记马上就要越冬了，需考虑为蜜蜂保留多少蜜脾。

秋季与夏季一样，不能松懈，蜂农仍然需要防胡蜂、抗台风。花园养蜂场的工作人员会互相保持联系，当某一蜂场人手不足时便能够及时赶去帮忙。

采收蜂蜜结束后到了晚秋，就需要开始准备越冬了。寒冷的冬季，为了让蜜蜂尽量感觉暖和一些，蜂农应考虑抽走没有使用的巢框，让蜜蜂聚集在一起，这样一来它们便可以暖和地越冬

了。另外，还需注意在气温下降之前为蜜蜂准备充足的饲料，在越冬之前驱除螨虫。

☑ **初秋作业检查列表**

- ☐ 饲料和花粉是否充足
- ☐ 巢框是否过多或过少
- ☐ 是否在饮水处设置了加热器
- ☐ 是否确认何时结束蜂王培育
- ☐ 是否巡视以防止胡蜂入侵
- ☐ 是否为蜜蜂保留有秋蜜的巢脾
- ☐ 蜜蜂是否患病

夏季暂时放慢脚步的蜜蜂到了秋季又开始活跃起来。蜜蜂们忙着育儿和采蜜。

初秋的管理

警惕秋季蜜蜂减少，采取防寒对策

初秋仍然要延续夏季的工作，确认饲料花粉是否充足，巢框是否过多或过少。到了秋季，各式各样的植物开始开花，这时蜂箱里蜂蜜充足。秋蜜过多，也就意味着出生于秋季的肩负越冬重任的蜜蜂会减少。此时应适当采收蜂蜜，防止蜂蜜过多。

在花园养蜂场，蜂王培育和采蜜的工作会一直持续到秋分时节。采秋蜜时不宜贪心，继箱中应保留3~4张蜜脾，用于蜜蜂越冬和明年的育儿。采收蜂蜜时应当观察糖度的上升情况（参见第106页）。

这时气温会逐渐降低，应考虑在饮水处设置加热器，防止蜜蜂因为喝冷水而着凉。对于已经决定用于培育的蜂群，应恰当地补充饲料，助推蜂王产卵，帮助蜜蜂壮大家族。季节交替之际也是台风多发之时，应当灵活应对。同时，一直到晚秋为止，胡蜂仍会来袭，蜂农应当持续保持警惕，继续巡视和采取相应对策。

蜜蜂飞到黄莺上。黄色的花是秋季的重要蜜源。

> **刺果瓜是秋季的好蜜源**
>
> 花园养蜂场夏季到秋季的蜜源主要是槐树。特别是蓝槐，开花期长，在7~9月依次开放。之后的8月下旬~10月，便迎来了在河畔开放的刺果瓜。9~12月，黄莺及鬼针草便是重要的粉源和蜜源。
>
> 刺果瓜及黄莺因其强大的繁殖能力被作为外来入侵植物。但是，其对于蜜蜂来说却是越冬准备时期绝佳的粉源和蜜源。

晚秋的管理

越冬准备期饲喂的要点

采秋蜜结束后就要逐渐准备越冬了。这时候要给蜜蜂提供足够的糖液和代用花粉，当提起蜂箱感觉很重时就差不多了。切记要在气温完全下降之前完成喂养，在刮北风之前结束补充饲料。11月开始补充糖液时，注意糖液不宜过稠。过稠时蜜蜂会难以食用，应按照1:1.3（水：糖）的比例来调制（参见第67页）。冬季一般不会检查蜂箱内部或补充饲料。在越冬过程中，如果因饲料不足而为蜜蜂补充糖液，结果就会导致蜜蜂不得不在蜂箱中储蜜，这样反而会消耗蜜蜂的体力。

一些蜂农认为应当全年都为蜜蜂提供代用花粉，但花园养蜂场只提供到10月，之后便把代用花粉收走。代用花粉由谷物构成，蜜蜂吃谷物时需要排泄。到了寒冬，吃代用花粉的蜜蜂还得到蜂箱外方便，实在太可怜了。不过，对于比较强大的蜂群，我们会在2月中旬左右提供代用花粉。

让蜜蜂聚集在一起以保持热量

采秋蜜结束后，蜂农便要开始整理巢框了。将没有蜜蜂的巢框逐一抽走，并将两层蜂箱整理成一层，让蜜蜂密集地聚集在巢脾上，密集程度近似于上班早高峰。

不过，有时也会出现无论如何整理都无法顺利地让蜜蜂聚集到一层的情况。蜂农可以尝试以下做法。举例来说，下方蜂箱有8张巢框，上方有3张巢框，除去隔王板将上下巢框数量调整为下6张上5张，并且挨着蜂箱边缘，这样就可以防止热量流失了。

或者当上下总共有13张巢框时，可以调整为下7张（边缘是饲喂器）上6张，这样从上方可以看到饲喂器，方便饲养（请参考下列插图）。

虽然一箱至少要有7张巢框，但即使越冬后减少了2张巢框相当的蜜蜂，剩下的5张，到了初春基本还能重新恢复原有状态。

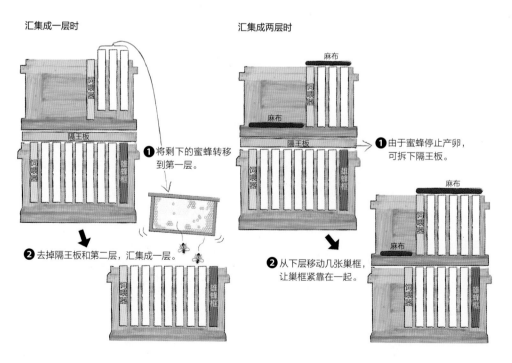

汇集成一层时

❶ 将剩下的蜜蜂转移到第一层。

❷ 去掉隔王板和第二层，汇集成一层。

汇集成两层时

❶ 由于蜜蜂停止产卵，可拆下隔王板。

❷ 从下层移动几张巢框，让巢框紧靠在一起。

不让蜂螨留到春季

越冬前最重要的便是做好除螨工作。秋季采收蜂蜜结束，很多时候我们刚刚稍微喘息一下蜂螨便又开始出动了。蜂农应当对结束采蜜的蜂箱采取除螨措施，赶在越冬之前完全去掉蜂螨。假如春季最开始出生的蜜蜂身上聚集了蜂螨，之后产下的幼蜂也不会顺利成长，蜂螨所带来的影响会一直蔓延到后来出生的蜜蜂身上。

蜜蜂专用的药品种类少，日本养蜂协会所销售的除螨剂也只有双甲脒和氟胺氰菊酯两种。这两种都是薄片状的除螨剂，将其放在蜂箱中，蜜蜂飞行时碰触到薄片，除螨剂因此能够发挥药效，扰乱蜂螨的神经。只需加入各地区的养蜂协会便能够买到这两种除螨剂。不过，蜂螨会渐渐地对除螨剂产生耐药性。在蜂螨出现耐药性之后如何应对，将是养蜂业需要面对的紧急课题。

☑ **晚秋的作业检查列表**

☐ 是否为蜜蜂提供了充足的越冬所需的饲料

☐ 是否整理巢框，将蜜蜂密集地聚集在一起

☐ 是否出现了蜂螨寄生的情况

☐ 蜜蜂是否患病

☐ 是否放入了除螨剂

将除螨剂放入巢框中，通过蜜蜂身体接触药剂来发挥药效。

除螨剂是1张白色的板。

正在吃糖液的蜜蜂。蜂农可在气温下降之前给蜜蜂准备充足的饲料。

防寒对策

赶在气温骤然下降之前做好防寒对策

到了深秋时节，蜂农应采取防寒措施，缩小巢门，让蜜蜂能够安心越冬。

花园养蜂场会将保温隔热布和防草布缝制在一起放在蜂箱上，在此基础上盖上1张棉布。两者都是根据蜂箱大小制作的，刚好能够垂挂覆盖在蜂箱上。另外，我们还使用保温专用的箱子完全罩在蜂箱上。防寒方法有多种，接下来将介绍花园养蜂场的做法。

❶ 在盖上上梁的麻布上加一块保温用的棉布。花园养蜂场称之为"蜜蜂的被子"。

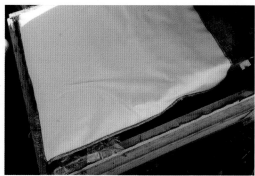

❷ 盖上有保温效果的隔热布。如果只有隔热布，蜜蜂的脚和头会在咬布料时被纤维钩住，因此需要在隔热布背面缝上防草布（参见第12页）。

❸ 专门订购了使用隔热材料制作的白色箱子，用其将蜂箱完全罩住。

50

❹ 一直罩到蜂箱下方。

❺ 放上波浪板。

❻ 放上砖块，完成。

🐝 缩小巢门

　　无论防寒措施如何周全，如果冷风从巢门进入蜂箱，蜂箱内部温度便会骤然下降，因此必须缩小巢门。花园养蜂场使用黑色橡胶堵住巢门。由于晴天时蜜蜂仍会外出飞行，我们需要为蜜蜂保留巢门角落的开口。

蜜蜂学习之后便会习惯新的出入口。

冬季管理

冬季我们一般不会查看蜂箱内部，这是冬季管理最关键的一点。就像农民也会有农闲期一样，蜂农可以在冬季制作或修理平时无闲打理的养蜂工具。等到2月中旬，早早感受到春季到来的强大蜂群便会开始行动起来。

雪中的花园养蜂场。下雪时蜂农应当确认巢门是否被雪堵住。

冬季的主要作业

12月和1月是蜂农一年中最闲暇的时期。此时打开蜂箱会使蜜蜂受冷，所以一般不打开蜂箱检查其内部。这时候蜜蜂会聚集成一个蜂球，紧紧靠拢在一起努力保持体温。蜜蜂安静地过着集体生活，只不过是暂停了产卵、育儿、采蜜等活动，因此算不上冬眠，而是称为越冬。

若想确认饲料情况，无须查看蜂箱内部，只用3根手指抓住蜂箱后方的横梁将蜂箱抬起便可以确认重量。

春天脚步近了便可以整理巢框

到了2月，在无风的暖洋洋的日子里，花园养蜂场便开始抽去空巢框，让蜜蜂一下子密集地聚集在一起。如果发现储蜜减少了，便可以放入蜜脾（参见第66页）。这时应将蜜脾放在饲喂器的外侧，让蜜蜂将蜂蜜搬运到内侧，注意不要让原本暖洋洋的蜜蜂受冻。

如果是强大的蜂群，可以在2月中旬开始为蜜蜂提供代用花粉。当发现蜜蜂开始筑空巢时，便可以追加1张蜜脾。等到气温上升回暖，便可以开始整理巢框，如果蜂箱有2层，蜜蜂会从上面一层开始产卵，我们可以将9张巢框汇总到一层。这时可以拿走饲喂器，但是如果蜂箱较轻，则应当放入蜜脾。如果想让蜜蜂采樱花蜜，则应将蜜蜂聚集起来，帮助蜜蜂尽早产卵，培育工蜂，以赶上开花时节。

❂ **冬季蜂农的工作**

花园养蜂场会在蜜蜂越冬时期制作蜂箱和巢框、粘巢础、修理养蜂工具。为避免在采蜜期出现巢框不足的情况，我们会在冬季先做好准备，就像农民会在农闲期做做味噌、做做腌制食品、制作生活用具一样。

意蜂的饲养年历

── 蜜蜂与蜂农的一年 ──

	春			夏		
	3月	4月	5月	6月	7月	8月
蜜蜂的状态	蜜蜂数量开始增加		分蜂季			
		积极地采蜜				
			储蜜量充足的时期			
			蜂王外出交尾			由于酷暑蜂王停止产卵
蜂农的工作					定期内检	
	如果蜂箱较轻则添加蜜脾，如果蜜蜂减少则减少巢框	如果蜜蜂增加了则追加巢框和继箱			培育蜂王	
			注意分蜂，采取防范措施			
	根据情况提供饲料		检查王台		当蜜蜂数量相对于巢框数较少时，回收减少巢框	
			定期消除雄蜂			
				检查是否有幼虫腐臭病或白垩病		
					采取防暑措施	
		春季采收蜂蜜		夏季采收蜂蜜	采收蜂蜜结束后提供饲料	

Spring

Summer

本表格以年历的方式介绍了不同季节蜜蜂的状态及蜂农的主要工作。实际操作会因地区及当年的情况有所变化。先来了解1年当中都有哪些工作吧（本饲养年历以日本埼玉县深谷市的花园养蜂场1年的工作为例）。

	秋			冬		
	9月	10月	11月	12月	1月	2月
	胡蜂来袭					蜜蜂数量减少
	巢虫出现时期					
				越冬期		
	蜂王重新开始产卵		蜂王减少产卵，蜜蜂数量减少		蜂王停止产卵，出于防寒，蜜蜂堆成蜂球	蜂王逐渐开始产卵
				采取防寒措施	减少内检	给强大蜂群饲喂代用花粉
	采取防胡蜂措施				制作巢础框等	
		越冬准备（整理巢框、提供饲料）				
	采取防蜂螨措施					
	秋季采收蜂蜜（保存一些蜂蜜用于越冬）					

Autumn

Winter

收到蜜蜂和蜂箱后

蜂箱安置后一般不再移动，因此，事前准备尤为关键。蜂箱安置完毕，等待蜂群平静后应迅速打开巢门。同时，检查蜂群中是否有健康的蜂王。

做好安置准备，领取蜂箱

购入蜂种之后，安排最近的物流公司配送中心运输，到货后迅速去领取。这样做是为了尽量减少移动给蜜蜂带来的负担。同时，事前准备好放置蜂箱的台子、盖在蜂箱上方的金属波浪板和砖块，并且提前确定好安放位置，做好除草工作。

利用台子、金属波浪板来防止蜂箱老化，预防外敌入侵

为了防止下雨天泥水四溅、箱子老化及外敌入侵，蜂箱不能直接放置在地面上，应放在台子上方。也有很多人会用啤酒箱或者果蔬运输筐代替。蜂箱的高低会影响到作业，建议根据蜂农自身身高来准备台子。花园养蜂场一般会使用高度为20多厘米的园艺专用托盘。

确认蜜蜂状况

安置完蜂箱之后，等待10~15分钟，待蜜蜂平静后再打开巢门。如果购入的巢框数量为7~8张，长期关闭巢门会导致蜂箱内部闷热，蜜蜂会被闷死（参见第72页），因此要十分注意。如果想对蜂箱进行内检，应当在蜂箱安装后静待30分钟以上，等蜜蜂平静后再进行。首先确认蜂箱内是否有健康的蜂王，紧接着确认是否有足够的幼虫和蜂蜜。蜂箱出货时，有一些蜂农为了减少蜂箱重量，不会加入足量的蜂蜜。如果遇到这种情况，则需要给蜜蜂喂食糖浆和花粉。在刚开始饲养的年份里不宜过度采收蜂蜜，应让蜂群有足够时间繁育，壮大队伍。

收到蜂箱后，迅速打开巢门。

✿ 找不到蜂王时

检查蜂箱内部时，如果找不到蜂王，没有看到蜂王在产卵，应尽快联系卖方。送来的新蜂王往往是装在蜂王笼里的，到了以后应将装有蜂王的蜂王笼放在巢框上方数日，待它熟悉蜂箱味道后再打开蜂王笼，让蜂王进入蜂群。

安置蜂箱

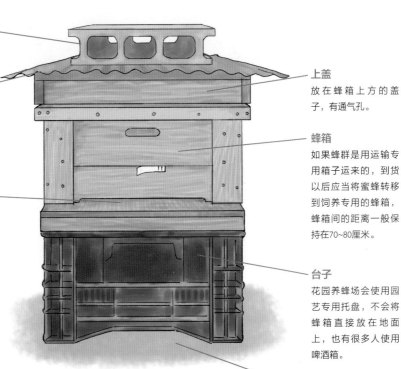

砖块
为了防止金属波浪板被吹走，应用砖块压住。

金属波浪板
将金属波浪板盖在上方，可起到防雨的作用，还能防止箱体老化。

巢门
蜜蜂进入的巢门安装在前方，最好朝南，或者是向阳、夕阳照射得到的东向或西向，要避免朝北。巢门为开闭式，安置后应尽早打开。

上盖
放在蜂箱上方的盖子，有通气孔。

蜂箱
如果蜂群是用运输专用箱子运来的，到货以后应当将蜜蜂转移到饲养专用的蜂箱，蜂箱间的距离一般保持在70~80厘米。

台子
花园养蜂场会使用园艺专用托盘，不会将蜂箱直接放在地面上，也有很多人使用啤酒箱。

除草
蜂箱周围的杂草应提前去除，并做到定期清理。

🐝 放置时使巢门稍微向下倾斜

在正对巢门的一侧垫上一些木板，使巢门稍稍向下倾斜，这样一来，遇上恶劣天气如降雨时，雨水可以自动排出。蜂箱一旦积水，底板容易损坏，也容易导致蜜蜂生病，因此要格外小心。

使蜜蜂镇静的方法

为了保证内检或取蜜的顺利进行，蜂农可以通过喷烟器使蜜蜂镇静下来。下面介绍安全使用喷烟器的步骤及熄灭方法。

将烟控制在最低程度，烟同时也是开箱的信号

喷烟器是蜂农进行内检而开关蜂箱时使蜜蜂镇静的工具。蜜蜂不喜烟雾，当它们感知到烟雾时便会把自己的头埋进储了蜜的蜂房里。另外，在给蜂箱盖盖子时为了不压到蜜蜂，蜂农也会使用喷烟器来让蜜蜂让开。喷烟器的烟对于蜜蜂来说也是一个信号，告诉蜜蜂我们要打开蜂箱了。不过，喷烟时注意不宜过度，应控制在最低程度。

木醋液是木炭生产过程中的副产品，和喷烟器的作用相同。比如在让蜜蜂合群时，只需向蜂箱中的蜜蜂和新追加的蜜蜂轻轻喷一下木醋液就可以了，非常方便。不过，木醋液本身有味道，采蜜期不宜使用。

在温度较高时期让蜜蜂合群时，比起木醋液，将糖液装在喷壶里喷洒的效果会更好。等气温下降的寒冷时候也可以使用木醋液。建议使用质量可靠的木醋液。花园养蜂场所使用的木醋液是直接从烧炭工匠那里购入的。

在皮带上装上钩子，这样就可以将喷烟器挂在腰间，无须找地方放，可提高作业效率。

木醋液使用起来方便，无须点火。可以和喷烟器一样挂在腰间。

开盖子之前在巢门处喷烟，告诉蜜蜂我们要开门了。

挤压风箱，如果烟雾从出口有力喷出，说明内部燃料熏得很好。

将木醋液原液适量稀释之后装入喷壶。

从点火到灭火的步骤

❶ 将旧麻布的边角料或者报纸卷成一团（中间留出空隙）。

❷ 用喷火枪或点火器点火。

❸ 打开喷烟器的盖子，将点着的麻布或报纸放入其中。

❹ 拉动风箱往内部送气，喷出烟雾。

❺ 通过喷烟确认内部烟熏状况后再使用。

❻ 使用完毕后在烟雾出口塞上青草，堵住空气入口从而灭火。也可以用厚纸（或者米袋或砂糖袋）盖在上方。也可以喷水灭火，但是这样一来，燃料淋湿后就无法继续使用了。

※如果用干草堵住烟雾出口，注意干草有可能被点燃。

在内检或取蜜时，根据情况喷烟来使蜜蜂移动到别处。

🐝 也可以使用木屑

也可以用木屑作为燃料。如果使用木屑作为燃料，应先将木屑装到喷烟器中。

内检（查看蜂箱内部）

内检是指检查蜂箱内部，根据季节不同所查看的内容也不同。每个季节都有最适宜查看的气象条件和时间。很多时候，蜂农是通过内检发现蜜蜂的异常的。对于蜂农来说，内检是日常工作中最重要的作业。

谨慎且高效地发现变化的征兆

内检即打开蜂箱盖子，以确认蜜蜂状况的作业。通过内检，可以及时确认蜜蜂储蜜或产卵是否顺利、蜂王是否还在（参见第102页）、是否有病害虫出现、是否出现了王台（参见第83页，王台是蜜蜂分蜂的征兆），以便及时采取对策。同时，内检结果也是蜂农判断是否添加巢框（参见第74页）的依据。

内检应避免在雨天、强风天进行，而应选择在天气好、气象稳定的日子进行。4月～8月中旬是蜂群壮大的时期，这时候内检频率为每周1次。除此之外，其他时间则根据需要每月1次。注意应尽量减少检查次数和检查时间，将检查控制在最低程度，不要给蜜蜂造成额外的负担。另外，应尽量避免在越冬期进行内检。

在花园养蜂场，我们会选择早上驾车巡视蜂场，内检也会在早上完成。分蜂一般是在早上10:00之后开始的，所以要在此之前完成内检。

不要长时间打开盖子

内检时应穿好服装，佩戴装备，用喷烟器向巢门内部轻轻喷烟，给蜜蜂一个即将开箱的信号后再开箱。拿巢框时应用手牢牢抓住，防止掉落，缓缓地往上提。检查结束后应谨慎地将巢框放回，盖上盖子，注意不要压伤蜜蜂。

如果因为一直找不到蜂王等理由而长时间打开盖子，蜂箱内部温度下降会给蜜蜂带来压力。所以内检要注意在短时间内完成。例如，如果检查时发现几天前蜂王产卵的迹象，那么即使没有找到蜂王，也可以知道蜂王是在的，无须执着地寻找蜂王（参见第103页）。

🐝 根据外观可以了解的情况

有许多信息可以通过观察外部状况便可得知，无须进行内检。如果蜜蜂活力十足地进出巢门，则说明大体是没有问题的。特别是当巢门处有许多蜜蜂倒挂着聚在一起时，说明蜜蜂们状态颇佳。如果进出巢门时蜜蜂状态不佳，则要根据当天天气、气温、时间等来寻找理由。

另外，根据工蜂脚上所沾花粉便可以判断周围有什么蜜源植物。如果巢门湿了，有可能是蜜蜂育儿过程中运水导致的，因为蜜蜂会用水和花粉制作幼虫的离乳食品。蜜蜂在分蜂期出入会变少，且会在外面发呆不干活。

正如人们会通过邻居家的玄关、庭院、阳台等来判断邻居的大致情况，蜜蜂也是如此，我们通过蜂箱外部的情况可以了解蜜蜂的各种状态。

✿ 应当在蜂箱上写的内容

　　花园养蜂场会用粉笔在蜂箱上记录几项内容。一来这可以作为备忘录，二来还可以将信息共享给蜂场的工作人员。

　　记录的内容包括内检及合群日期、蜂王出生年月日、管理雄蜂的日期等。如果蜂王不在了，蜂场工作人员会把波浪板翻过来或是将砖块竖起来作为需要导入新蜂王的标志，一目了然。作业内容则会记录在每个蜂场的日报表上。

将砖块竖起来作为标志。

蜂箱上写着导入蜂王的日期和表示这里有封盖蜂儿等标注信息。

表示"7月20日导入蜂王，有封盖蜂儿"

表示"8月1日确认下次产卵"

按要点进行内检，在短时间内完成。

通过内检可以了解蜂王、工蜂、雄蜂的状况，还可以了解蜂巢状况等其他所需的内容。

内检的步骤

内检时应注意不要给蜜蜂带来压力，不要压到蜜蜂。也要注意不要被蜜蜂蜇到，应在短时间内完成。

❶ 用喷烟器向巢门内喷烟1次或2次，告诉蜜蜂我们要开箱了，然后安静地打开盖子。

❷ 将放在盖子下方的麻布等拿走。

❸ 在上梁上方用喷烟器喷烟。

❹ 用起刮刀去除上梁及缝隙之间的蜂胶和赘脾。如果巢框粘在蜂箱上，可以用起刮刀分离。

❺ 拿出巢框后牢牢拿住两角，观察整个巢框，两面都确认后放回蜂箱。

❻ 将所有巢框放回蜂箱后，盖上麻布，注意正反面不要弄错。

❼ 如果有隔热布，将其放在麻布上方。

❽ 注意不要夹到蜜蜂。有需要时可喷烟让蜜蜂躲开，安静地将盖子盖上。

❾ 盖上波浪板和砖块等，结束作业。

内检时应确认的要点

为了能高效地在短时间内完成内检作业，应当明确检查时要确认的要点。

蜂王在吗

寻找蜂王。如果没看到蜂王，但是看到了几天前产卵的迹象，就说明蜂王还在。如果蜂王不在，工蜂会不安地拍打着翅膀，发出乱哄哄的声音。

有在产卵吗

确认蜂房里是否有产下的卵，或者蜂房是否被打扫得很干净。如果没有确认到其中一点，说明蜂王很有可能不在了或者已经停止产卵。

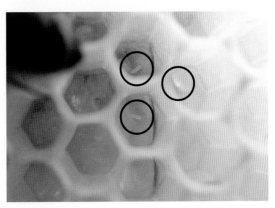

是否有幼虫

确认内部是否有健康的幼虫，检查产卵育儿范围是否顺利地延展。蜂卵在产下后3天就会孵化成幼虫，5～6天便会变成蜂蛹。

是否有储蜜

蜜蜂会在偏中心的巢脾育儿，所以蜜脾多是在外侧。蜂农需要确认蜂蜜是否占用了产卵的空间。下图中呈现的是蜂房封盖的状态。

是否有封盖蜂儿

封盖子脾（封了盖子的蜂房）中如果有大量蜂蛹，则说明这将会是一个较大的蜂群。工蜂约12天便会羽化。有较大的鼓起的就是雄蜂的蜂房。

是否有花粉

花粉富含蛋白质，是不可或缺的离乳食品。如果花粉丰富，则说明蜜蜂的育儿如火如荼。如果花粉储存（花粉房）明显较少，应给蜜蜂提供代用花粉（参见第66页）。

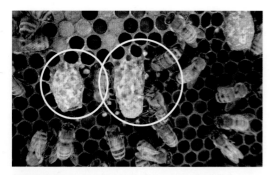

是否有王台

内检时最应当注意的是要确认是否有王台。如果出现王台，则说明有可能要分蜂或正在准备新蜂王，此时蜂农应尽早采取对策（参见第82~87页）。

（参见第82~87页）

是否有雄蜂

雄蜂体格大，眼睛也大，容易辨认。雄蜂多出现于分蜂时期，建议使用雄蜂框来管理（参见第78页）。内检时可以用镊子将其夹走。

（参见第78页）

☑ **内检检查列表**

- ☐ 是否有蜂王
- ☐ 是否顺利产卵
- ☐ 幼虫是否健康，是否有大量幼虫
- ☐ 是否有很多封盖的蜂房（封盖子脾）
- ☐ 是否有充足的产卵空间、储蜜空间
- ☐ 有没有未使用的巢框（参见第74页）
- ☐ 储蜜是否丰富，花粉是否充足
- ☐ 是否出现王台
- ☐ 雄蜂数量是否过多
- ☐ 是否有蜂螨或染病

（参见第74页）

是否有蜂螨或染病

看是否有翅膀萎缩的蜜蜂、变色的幼虫、死蜂或死去的幼虫，蜂房的盖子是不是凹陷了，以此来判断是否有蜂螨或染病。上图是因患白垩病而死去的幼虫，下图是死后被推出蜂箱外的蜜蜂。

喂食的种类和方法

在蜜源植物较少的时期或是漫长的冬季，为了帮助蜜蜂们渡过难关，蜂农应当给蜜蜂喂食。除了提供糖液和蜜脾之外，代用花粉在帮助蜜蜂产卵育儿上的作用也是不可小觑的。

通过恰当的喂食培育健康的蜜蜂

所谓喂食，指的是在蜜蜂采蜜或采粉较少的时期或者越冬时，为了不让蜜蜂因饲料不足而饿死，提前给蜜蜂提供饲料。喂食在蜜蜂产卵育儿、分割蜂群、培育蜂王等蜂群需要助力时是不可或缺的。

饲料主要是将砂糖用热水熔化之后的糖液、提前保存起来的蜜脾或花粉脾、代用花粉等。花粉富含蛋白质，在促进蜜蜂分泌蜂王浆及作为幼蜂的食粮上十分重要。如果想要促进蜜蜂产卵育儿，蜂农应积极喂食。糖浆一般提供给刚结束采蜜的蜂群和成长缓慢的蜂群，或是由采蜜用转变为培育用的蜂群。如果在采蜜前提供糖液，糖液有可能会堆积在巢脾中，应注意喂食不宜过多。

越冬前的喂食

最需要进行喂食的便是越冬前这段时间。在温度骤然下降之前提供饲料，让蜂箱中的储蜜能够达到足够的重量。有了足够的储蜜，蜜蜂便不会出现断粮的情况，这样便能顺利越冬。

另一方面，早春气温尚低，此时提供冰凉的糖液，蜜蜂可能会因此染病而丢了性命。初春出现饲料不足时，花园养蜂场会放入提前保存起来的蜜脾，而不是提供糖液。

蜜蜂为了将糖液收到蜂房中，需要费体力将糖液变成转化糖蜜。这个过程就好比把生米煮熟，糖液是生米，蜜脾则是可以马上食用的热腾腾的米饭。这样比喻，蜂农就知道如何区分使用糖液和蜜脾了。

喂食时要注意不宜过量，否则就会压迫蜜蜂的产卵空间，但过少则会导致产卵停止。恰到好处地喂食，即使是经验老到的蜂农也很难做到。

早春饲料不足时最好放入提前准备好的蜜脾，而非糖液。

如果有蜜蜂已经采满花粉的花粉脾，可以先保管起来，在蜜蜂产卵育儿时拿出来用。

代用花粉虽然也可自制，但市面销售的更为方便。

制作糖液

花园养蜂场每个蜂场有超过100个蜂箱，因此以600升的储水罐为单位制作糖液。如果量较少，也可以制作1斗缸（斗缸是一种金属罐子，1斗缸约18升）。

❶ 往储水罐中倒入约45℃的温水，提前将成块的白砂糖弄散。

❷ 放入白砂糖。水和白砂糖的比例，浓的时候为1:1.5（从夏季到秋季），稀的时候为1:1.3（春季到初夏、晚秋时）。

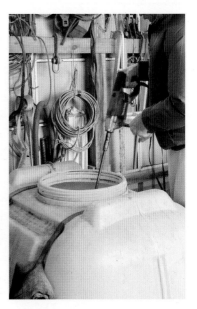

❸ 可以适量加入海藻糖，据说海藻糖适合用来做昆虫的食粮。

❹ 加入适量食盐。

❺ 充分搅拌，完成。

喂食的方法（1）　糖液

手动补充糖液时，可以用铁罐或喷壶小心地注入饲喂器中。花园养蜂场为了提高效率，会使用电动喷液机。

用铁罐手动注入的情况
注意不要将糖液洒到周围。

在饲喂器上排成一排饮用糖液的蜜蜂。

大量喂食的情况

❶ 用卡车运送糖液。

❷ 花园养蜂场使用电动喷液机来补充糖液，
　提高了工作效率。

喂食的方法（2） 蜜脾、花粉脾

在气温较低的2～3月，应避免喂食冰冷的糖液，提供直接能够食用的蜜脾是最好的。在蜂群壮大的时候放入花粉脾，非常合适。

将蜜脾作为早春的食粮提前保存起来。主要是秋蜜。

🐝 天然的花粉最好

代用花粉虽然方便，但是对于蜜蜂来说，没有比汇集了各种花的天然花粉更好的了。有研究报告称，花粉过于单一会影响蜜蜂的生产和免疫力。花园养蜂场对于已经装满的花粉脾，会将其挪至下层的蜂箱，用于蜜蜂的育儿，而不是用来采蜜。

采集花粉归来的蜜蜂。

喂食的方法（3） 代用花粉

代用花粉饲喂时一般是放在蜂巢上梁处。将与横梁接触的部分揭开后放在上面，不会从年头放到年尾，而是一直放到10月左右。对于强大的蜂群，在第二年的2月中旬放入即可。

一整袋过大时，也可将代用花粉切半使用。

🐝 自制代用花粉

市面上销售的代用花粉很方便，不过蜂农也可自制。花园养蜂场也曾自制过，材料有花粉、FeedBee（代用花粉品牌）、奶粉、海藻糖、糖液、白砂糖、盐、酒糟、味噌等。从头开始制作很花工夫，可以买来市面销售的产品，再自己补充调配。

蜜蜂附着在框梁上吃代用花粉。

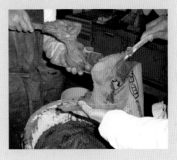

将材料充分搅拌后装在容器中。

巢框和蜂箱的更新与保管

巢框与蜂箱一旦老化可随时更换。

更换时机因材质与使用状况不同而不同，不可一概而论。接下来我们为大家介绍巢框更换的标准、管理方法及更换蜂箱的事前准备工作。

更换时机

花园养蜂场每年会更换3000~4000张巢框。我们根据蜂箱数量，按照一个蜂箱需更换3~4张巢框的数量计算。

更换的时机没有特定的年限，如果看到六角形的蜂房变小了，或是蜜蜂将雄蜂框以外的巢框改造成雄蜂蜂房，或是蜂房上附着了蜂胶显得黑乎乎的，即表示可以更换了。

感觉蜂箱变旧了就可以更换

当发现蜂箱底部附着有较多蜂蜡，变得老旧时便可以更换。也有蜂农会在购买蜂箱之后在蜂箱上涂上防腐剂，延长使用年限，但是这样会给生活在蜂箱中的蜜蜂带来痛苦，因此花园养蜂场不采用这种方法。这是因为相比蜂箱，蜜蜂的健康更为重要。我们没有将蜂箱直接放在地面，而是放在架子上，并在上方盖上波浪板防止蜂箱淋雨（参见第57页）。通过这些措施可防止木材老化。

用于更换的新蜂箱应用热水清洗并用喷火枪轻微烤一烤，消毒后再使用。干燥状态的木箱用火烤会烧焦发黑，趁着还没干透用火烤就不会烧焦了。

蜜蜂在育儿阶段出于杀菌目的会在蜂房上涂上蜂胶。这些蜂胶越积越多，久了便会发黑。右边是新的巢脾，左边是需要更换的旧巢脾。

为了防止地面的雨水或泥浆溅到蜂箱上，可以将蜂箱放在架子上。在蜂箱上方盖上波浪板，可以防止木材因淋雨而老化。

巢框的管理和防巢虫对策

　　要将使用过后的巢框，如取蜜之后的巢框、从蜂箱中拿出来的巢框等再放回蜂箱时，应如何处理呢？

　　如果直接放到没有蜜蜂的蜂箱或者户外，巢框就会被巢虫入侵，因此应妥善保管。

　　花园养蜂场会将使用中的巢框或蜜脾放在大型冷库中保管。使用之后的巢箱和继箱应水洗之后进行干燥。

　　如果没有冷库，可以使用一种利用含微生物的巢虫预防药剂。将其稀释后喷在巢框上，用大型薄膜袋包住蜂箱，放入巢框之后用胶带密封薄膜袋。

将回收的蜜脾或不使用的巢框等放在稳定设定为5～6℃的大型冷库中。

被称为巢虫的若虫是蜡螟的幼虫。

这是因保管方法错误而被巢虫蛀了的蜂箱。

用起刮刀去除蜂胶和蜂蜡，并用热水清洗。

洗净之后充分干燥。

蜂箱的移动

蜂箱的移动并不少见，有时是为了采蜜而四处奔走，有时是因为人们自身的需求。
蜂箱的移动主要利用卡车。蜜蜂较为敏感，因此移动时有许多方面需要注意。

移动的目的和大移动

　　移动按照目的来分主要有4种：第1种是配合春初的流蜜期，为了壮大蜂群的移动；第2种是为了到其他地方采蜜的移动；第3种是为了避暑的移动；第4种则是为了在温暖的地方越冬的移动。

　　纵贯日本列岛的大移动耗时10小时，非常考验蜂农。换位思考一下，如果我们是蜜蜂，长时间被关在箱子里长途奔波会是怎样的感受呢？这会给蜜蜂造成多大的负担呢？因此，我们应尽量在短时间内完成蜂箱的装卸工作，有时甚至要在天亮之前就戴着头灯开始工作。

　　要安全地将蜜蜂转移到目的地，换气十分重要。特别是在气温较高的4～10月期间进行长距离移动时更要注意。蜂群越大，风险越大，蜂农应提前做好准备。可以在移动的前一天内检蜂箱，给蜜蜂较密集的蜂箱追加继箱，为蜜蜂创造一个避难的空间，或者是半揭开麻布，保证空气流通。到了目的地之后应尽早打开巢门（请参见第56页"确认蜜蜂状况"）。

防止蜜蜂闷死、饿死

　　长距离移动最让人担心的是移动中蜜蜂被自身躁动所产生的热量所闷死（这种现象称为热杀），或是饿死。运输时间越长，蜜蜂就会消耗越多的储蜜，注意不要出现食粮不足的情况。

　　前后两侧带有换气纱窗的蜂箱经常被用来防止蜜蜂闷死。移动过程中通过保证通风来防止蜂箱内部温度上升。

　　不过，如果过于重视通风，导致蜂箱内部温度下降、湿度上升，有可能会导致幼蜂死亡或使蜜蜂感染白垩病（参见第197页）。如果需要长距离移动，花园养蜂场会使用湿润的海绵塞在巢门处，而蜂箱则会使用特制的盖子，其背面附有纱网。

花园养蜂场的越冬地点是日本四国地区。叠放蜂箱时，让巢框与前进方向保持平行摆放，且巢门互相交错，巢门朝前的蜂箱上面摆放巢门朝后的蜂箱。

由于箱盖背面为网状，会向上浮动，因此可以从上方进行换气。

在住宅区附近的小范围移动

如果是在自己住宅区附近想要小范围移动，可以以30厘米的距离逐渐移动，不过这样做比较花时间。频率大约是早上移动1次，下午移动1次。这个时候，注意不要在蜂箱原位置上放置任何东西。如果在原位置放了别的蜂箱，蜜蜂便会飞回原地。如果时间不充裕，可以一次性将蜜蜂移动到原有蜂箱方圆2千米之外，之后再一次性将蜜蜂转移到目的地。

蜂场间的中等距离移动

蜂场间约5千米的中等距离移动是日常常有的转移行为。花园养蜂场的蜂场间距离为4~5千米，因为蜜蜂在半径为2千米的范围内活动，所以为了使蜜蜂的活动范围不重叠而做了特意调整。

移动一般选择在傍晚蜜蜂回到蜂巢以后，或是早上蜜蜂飞出蜂巢之前。此外，为了促进新蜂王交尾，我们会在早上把蜂箱抬到有雄蜂的山上，这也属于中等距离的移动。

移动时巢门的关闭方法

花园养蜂场在移动蜂箱时会在巢门上塞上海绵，提前让海绵吸水，这样一来既可以给蜜蜂补给水分，又可以确保适度的通气。

❶ 将适度浸湿的海绵从巢门的一端塞进巢门。

❷ 如果有蜜蜂在巢门处，可以使用木醋液轻轻喷一下，让蜜蜂躲开。

❸ 等蜜蜂走开了便可以塞海绵，将对面一侧也堵上。

⬢ 移动养蜂的历史

日本是一个南北走向的国土细长的国家，正如樱前线[○]所体现的那样，南北的开花季节有着天差地别。始于1912—1926年的移动养蜂正是利用了这样的特征。当时，来自岐阜县的蜂农一马当先，奔向北海道寻找蜜源。在那之后，有许多养蜂人纷纷踏上旅程，寻求蜜源。

移动养蜂的专家们在常年的经验当中掌握了各种防止蜜蜂闷死的技巧。

1945年以后，一到流蜜期，移动蜂农和固定蜂农之间便会因为采蜜产生纷争。为了防止纠纷，各县要求蜂农在转移蜜蜂到其他县时需要提前向该县知事提交转移饲养许可申请书（参见第25页）。现在，除了采蜜以外，还有一些移动养蜂人会同时培育蜂群来为植物授粉。

配合蜜源植物开花期移动蜂箱的养蜂近年来在逐年减少。图片中蜜蜂正在油菜花上采蜜。

㊀ 预测日本各地樱花开花时间的等期日线。——译者注

增减巢框

蜂农有必要根据蜜蜂状况增加或减少巢框。特别是春季，应增加巢脾、巢础框，用蜜脾更换巢脾，帮助蜜蜂壮大蜂群。

应该把巢框加在蜂箱的哪个位置呢

　　养蜂最理想的状态是蜂箱中的任何一张巢脾都被蜜蜂用于育儿储蜜，且巢脾上布满了蜜蜂。春季蜜蜂数量增加，当发现储蜜或产卵空间不足时，应赶在不足之前及时给蜜蜂增加巢脾。

　　一般蜂箱中靠近中央的巢脾是蜜蜂的产卵育儿圈，蜜脾多位于外侧，花园养蜂场是将饲喂器放在最外侧（也可起到分隔板的作用）。如果需要追加新巢脾，则将饲喂器和蜜脾往外侧移动，在蜜脾的内侧（产卵育儿圈的外侧）挪出空间放入巢脾。如果在蜜脾的外侧，也就是在饲喂器和蜜脾之间追加巢脾，蜜蜂便会开始勤勤恳恳地将蜜挪到新巢脾中。如果最外侧不是蜜脾，蜜蜂便会不安定，会因为移动蜂蜜而更加消耗体力。蜜蜂对空间位置较为敏感，蜂农应当在理解蜜蜂习性的基础上将巢脾放到合适的位置。这样一来，蜂王便会立即在放入的巢脾上产卵。

　　另外，当蜂群开始出现赘脾时便需要追加巢础框。蜜蜂会用大约1周时间筑好巢脾。

在何时减少巢框呢

　　当蜜蜂数量减少，出现没有使用的巢框时，应当拿出巢框，提高蜂箱中蜜蜂的密度。关于抽出巢框的方法，请参见第48页。

在蜂箱中央的产卵育儿圈和储蜜圈之间放入新巢脾。

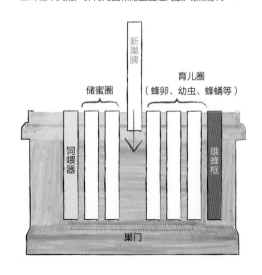

继箱和隔王板的使用方法

如果蜂箱空间不足就可以追加继箱，下面一层为巢箱，帮助蜜蜂继续壮大蜂群。花园养蜂场考虑到蜜蜂的情况及采蜜需要，会在巢箱和继箱之间加入隔王板，让幼蜂停留在第一层，第二层专门用于储蜜。

为什么在添加继箱时要使用隔王板呢

4~5月是蜂群壮大的时期，这个时候如果蜂箱空间不足便可以追加继箱。蜂农要如何判断是否追加继箱呢？当看到傍晚时分，约有1张巢脾相当的蜜蜂聚集在蜂箱外时便可以追加了。这样一来也可以加速蜂群的分蜂（参见第82页），给蜜蜂新的空间，满足蜜蜂想要继续壮大蜂群的愿望。放上继箱时，要在两箱之间加入隔王板。

隔王板是在追加继箱时用来明确区分下方巢箱是产卵育儿圈、上方继箱是储蜜圈的养蜂工具。如果为蜜蜂着想且想要采到高质量的蜂蜜，就一定要使用隔王板。

继箱里只有蜜脾

隔王板的格子大小只允许工蜂通过，蜂王无法通过。在下方巢箱和上方继箱之间加入隔王板，蜂王就无法上到继箱产卵。这样一来，继箱的巢脾会储蓄很多蜂蜜，整个继箱里都是蜜脾。

如果不放入隔王板，即使巢脾的上方是储蜜空间，在同一张脾的下方有可能会有幼蜂。取蜜时将这种蜜脾放在分蜜器上，幼蜂也会跟着旋转而死亡，而蜂蜜中也有可能会混入幼蜂的体液。

另外，结束育儿的蜂房很多时候因为蜂蜡附着而发黑，如果在里面储蜜，蜂蜜的色泽和纯度都会受到影响。

花园养蜂场取蜜时仅使用那些不被用于育儿的继箱中的蜜脾。这样一来便可以采到没有杂质的美味蜂蜜。

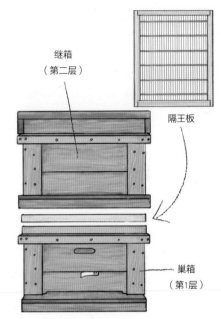

继箱
（第二层）

隔王板

巢箱
（第1层）

通常会在两层之间加入隔王板。

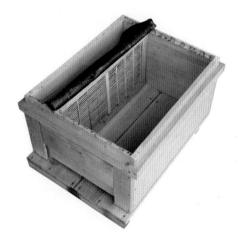

竖立型的隔王板可以在不追加继箱的基础上限制蜂王的产卵范围。

追加继箱

出于采蜜需要，壮大蜂群时一般会使用隔王板来追加继箱。

继箱中应放入多少巢框呢

考虑到采蜜需要，追加巢框时，不要让下层的蜜蜂来到上层。第一层的巢箱是用来让蜜蜂安心产卵育儿的场所，通过使用隔王板，让第二层的继箱成为专门用于储蜜的空间。

蜂农接受来自蜜蜂的恩惠。比起计算取蜜量，蜂农应怀着与蜜蜂共同生活的心情，珍惜蜜蜂。

继箱当中不宜一次放入全部巢框，而应根据蜜蜂蜂群的壮大情况逐渐追加巢框。

❷ 拿走蜂箱的盖子。

❶ 当看到蜂箱外聚集大量蜜蜂时便可以添加巢框和继箱。

❸ 内检确认蜜蜂状况。

❹ 放上隔王板。

❺ 放上继箱。

隔王板和储蜜

仅储了蜜的巢脾。要想获得1张单纯的蜜脾，则需要使用隔王板。

❻ 为了吸引第一层的蜜蜂到继箱来，在角落放上1张蜜脾。

❼ 在蜜脾隔壁放上2～3张巢脾，用饲喂器（分隔板）隔开。

❽ 为防止蜜蜂造赘脾，应提前盖上麻布。继箱没有放巢框时也要在隔王板上方放麻布。

❾ 放上隔热布。

❿ 盖上盖子，完成。

可根据蜂群壮大情况在继箱中逐渐追加巢框。

高效管理雄蜂

花园养蜂场在所有的蜂箱中都放入雄蜂专用的雄蜂框来管理雄蜂。

高效管理雄蜂甚至能够预防分蜂及驱除蜂螨。这是一项影响养蜂成功与否的重要工作。

通过专用框来限制雄蜂数量

雄蜂诞生于蜂王产下的若干无精卵。雄蜂每天都很悠闲，育儿、采蜜等工作一概不参加。雄蜂唯一的使命便是与蜂王交尾。每年春季到夏季，雄蜂追逐着交尾飞行中的蜂王在空中飞舞，在实现了交尾之后便结束其使命。那些未能实现使命的雄蜂仍待在蜂巢里，等待它们的将是被工蜂赶出蜂巢，流放四方的命运。

雄蜂的主要作用是交尾，适量的雄蜂能够刺激工蜂的工作欲望。但是，一个蜂群中不需要过多的雄蜂。雄蜂数量过多只会消耗食粮，还会导致分蜂加快。因此在4~7月期间，有必要定期清理羽化之前的雄蜂蜂房。

找出分布在所有巢脾上的雄蜂蜂房再将其铲除将会耗费大量工夫，因此花园养蜂场使用专用的雄蜂框来管理雄蜂。雄蜂从蜂卵到羽化的时间最长，约24天（工蜂约21天），这使得雄蜂更容易被蜂螨寄生。所以，将雄蜂汇集到雄蜂框饲养，并在其羽化之前一次性铲除，能够有效地驱除蜂螨。

雄蜂眼睛较大，比工蜂要大一圈，没有蜂针。

雄蜂的活动及管理工作

	春季			夏季			秋季			冬季		
	3月	4月	5月	6月	7月	8月	9月	10月	11月	12月	1月	2月
雄蜂的状况		←　雄蜂数量增加　→				蜂王停止产卵	←　雄蜂被赶出巢外　→					
雄蜂的管理		←　内检时检查雄蜂框　→ ←　在雄蜂羽化前（产卵后22天或23天时）将其消除（一个季度消除4~5次）　→										

雄蜂框的使用方法

使用雄蜂框，雄蜂的管理效率会大幅度提升。
放入蜂箱之前应提前确定好雄蜂框的位置。

雄蜂化蛹之后被封盖的雄蜂框。

将雄蜂框放在蜂箱角落较方便作业。带有红色标记的就是雄蜂框。

🐝 如果不放入雄蜂框会怎么样呢

如果不放入雄蜂框，在蜂群增殖期，工蜂会将巢脾改造成雄蜂蜂房，分散在各处。这样一来，内检时就必须检查蜂箱中所有的巢框。

也有人认为加入雄蜂框之后，用于采蜜的巢脾便少了。但是这样一来只需要看1张雄蜂框便可以管理雄蜂，作业时间可以大幅度缩减，还能够去除蜂螨，相比之下放入雄蜂框的好处更多。

在普通的蜂房上做的雄蜂蜂房，比起周围封盖的工蜂蜂房要大，且表面隆起，很容易辨认。

花园养蜂场将雄蜂框固定放在蜂箱的左端。雄蜂框使用雄蜂专用的人工巢础，有各种材质。蜂房的孔做得较大，可以诱导蜂王将雄蜂卵产在这个巢脾中。雄蜂框的上梁有红色标记，容易识别，只需要看这一张专用框即可，内检效率大大提高。

雄蜂框的管理

配合雄蜂的生育期，在雄蜂羽化之前铲除蜂房，处理掉雄蜂的幼虫和蜂蛹。注意，如果铲除较晚，蜂螨会和雄蜂一同出房。

❶ 拿出雄蜂框确认。照片中是将要羽化的雄蜂框（产卵后22～23天时）。

❷ 从一端插入起刮刀。

🐝 在日志上或蜂箱上记录日期

将铲除雄蜂的日期记录在工作日志上，便于把握下次铲除蜂房的时间。在蜂箱上也用粉笔写上日期。雄蜂的生育期大约为24天，铲除作业最好选择在产卵后22～23天的时候。及时关注天气，如果雨天连绵，则需要提前铲除。

❸ 一口气铲除雄蜂蜂房。

❹ 铲除结束之后，用水清洗并晾干。

在箱子上写上铲除雄蜂蜂房的日期。

与雄蜂相关的管理作业

内检时用镊子夹走多余的雄蜂。

雄蜂的幼虫可以用来做菜。

工蜂赶走雄蜂

外部无花可采时，一味消耗食粮的雄蜂如果被工蜂判断为毫无作用，工蜂会将雄蜂赶到巢外。图中是被赶出来的雄蜂的蜂蛹。

用镊子去除雄蜂

内检时看到非种用的雄蜂，可以用镊子去除，只需留下种用的即可。偏黑的雄蜂脾气较差，是去除的对象之一。

 用雄蜂蜂虫、蜂蛹做佃煮⊖

　　蜂虫佃煮是一道用雄蜂的蜂虫或蜂蛹作为原料的菜。在日本长野，当地蜜蜂的幼虫是一种高贵食材，也有人将蜂虫佃煮和米饭一起煮，成为蜂虫饭。

　　花园养蜂场也将雄蜂的幼虫作为佃煮的原料。加入酒、酱油、姜和蜂蜜等进行调味，用平底锅煎煮。大量制作后冷冻保存起来可长期食用。

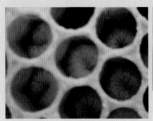

蜜蜂的幼虫也可用来做佃煮。

 把蜂螨吸引到雄蜂框后去除

　　蜂螨可以说是意蜂的天敌（参见第196页），最喜欢吸生育期较长的雄蜂幼虫的体液，因此蜂螨较喜欢产卵于雄蜂蜂房。雌蜂螨会在蜂房封盖的前几天入侵，在封盖之后产卵。若螨会和雄蜂幼虫一同在蜂房内成长，所以在雄蜂出房之前将蜂房铲除，可以一同去除蜂螨。这种做法不使用药剂，具有很好的蜂螨驱除效果。

羽化之后想要从蜂房出来的雄蜂。

⊖ 一种用酱油、调味酱、糖等炖煮的菜。——译者注

如何防止分蜂

分蜂是蜜蜂想要增加蜂群的生理现象。但是，一旦分蜂，蜜蜂采蜜量便会大量减少。分蜂前的蜂群会出现许多征兆，管理好蜜蜂使其不分蜂非常考验蜂农的能力。

分蜂的原理

分蜂是指蜂王在增殖期带着半数的蜜蜂离开蜂巢。这是当蜂巢内蜜蜂增加到一定数量而空间不足时，蜜蜂欲继续增殖而采取的行为。

在蜜蜂决定分蜂之前，巢内一般会有花生般大小的王台，王台内产有新蜂王的卵。蜂卵孵化，王台进一步发展便会变成指套大小。王台封盖后约7天新蜂王便会出房。分蜂大多数会在新蜂王出房前几天发生。

蜜蜂一般选择在晴朗的白天，约上午10：00过后开始分蜂。临近分蜂前，工蜂不会像往常一样继续劳作，而是表现出一副随时要出动的样子。它们会为即将到来的旅行做准备，在蜜胃里面储满蜂蜜。等到先头部队开始起飞时，大量的工蜂便会跟随其后，离开老巢。

为什么需要管理分蜂

分蜂对于蜜蜂来说是非常自然的本能的生理现象。但是，对于以采收蜂蜜为目的而养蜂的蜂农来说，却是一个重大的损失。如果分蜂时期与花的流蜜期相重叠，难得培养起来的强大蜂群若出现分蜂，取蜜量便会骤减。在分蜂后，即使将两个分蜂后的蜂群合并在一起，其取蜜量也不及原本强大的蜂群。

另外，由于分蜂时工蜂会在体内储备大量的蜂蜜，为即将到来的旅行做好准备，这也会使分蜂后的取蜜量大幅度减少。如果蜂农想要保证充分的取蜜量，应当尽早发现蜂群分蜂的征兆，采取对策。

分蜂后的蜂群会暂时聚集在附近的树枝上形成蜂团。

如果蜜蜂开始造王台，则表示近期很可能发生分蜂。

什么是王台

王台是当蜂巢内蜜蜂达到一定数量而空间不足，或是蜂王产卵减缓、蜂王消失时，为培育新蜂王而建成的特别的蜂房。王台较大，较易识别。

王台

蜜蜂会在蜂王突然不见时在巢脾上方或是正中央附近紧急改造蜂房，建造王台。这种王台称为急造王台。

自然王台

巢脾下出现自然王台虽是分蜂的前兆，但有时候自然王台的出现是因为旧蜂王产卵状况不理想，蜂群为了更换蜂王而建造的。

※相对于紧急建造的王台，蜜蜂有计划地建造的王台被称为自然王台。

出现多个王台时如何处理

蜜蜂坚守着一个蜂群只有一个蜂王的信念。当出现多个王台时，最先羽化的蜂王会去杀死后面羽化的蜂王。如果同时羽化，蜂王们会一直战斗，直到一方倒下。蜂王带有蜂针，但只有在决斗时才会使用，不会蜇人。

> ### ⬡ 蜂王与蜂王浆
>
> 工蜂和蜂王都是由受精卵转变而来的雌蜂，两者在蜂卵阶段完全没有区别，是在孵化约60小时后根据食物种类的不同而产生分化的。如果食物由蜂王浆变成花粉和蜂蜜，那么这只蜜蜂就会变成工蜂；如果在孵化后继续被喂养蜂王浆，那么这只蜜蜂就会变成蜂王。

王台不止1个，一般会有2个以上。

识别蜜蜂兴起分蜂热的原因

根据王台形成原因不同，应对方法也不同。

找到王台之后应首先推测形成原因。

状况

蜂箱中非常拥挤
（分蜂王台）

蜜蜂数量增加，已经没有产卵、储蜜的空间，蜂巢里十分拥挤、压迫。

应对方法

加入巢脾、巢础框或追加继箱

去除王台，追加巢脾，为蜜蜂准备新的产卵、储蜜空间。或是追加新巢础框给蜜蜂分配造蜂巢的工作，分散蜜蜂的注意力。如果巢脾已经满了，可以追加继箱，满足蜜蜂的增殖需要。

状况

想要更换产卵不佳的蜂王
（换王王台）

确认完出生年月日发现蜂王岁数不小，蜂群欲更换蜂王，迎接产卵能力更强的蜂王。

应对方法

人工分蜂，制造新的蜂群

不要将所有王台都摧毁，选取当中较佳的留在蜂箱中。将带有蜂王的巢脾（仔细确认该巢脾没有王台）和几张蜜脾转移到别的蜂箱，进行人工分蜂。

分蜂的征兆和分蜂热

分蜂的征兆中较容易发现的是蜜蜂在巢脾下方建造自然王台。发现王台时，确认蜜蜂是由于什么原因想要分蜂：是由于巢内拥挤想要分蜂而建的分蜂王台，还是由于蜂王产卵缓慢想要更换蜂王而建的换王王台。蜂农需要切实确认好蜜蜂建造王台的动机。判断不同，应对方法也不同。

为了降低分蜂热而追加巢框和继箱的方法

分蜂热高涨时，蜂群的状态就像沸腾前一秒的热锅。当发现征兆时，想象一下将火关小，防止沸腾溢出的场景。

如果蜂箱中还有空间，则需要添加巢脾和巢础框，为蜜蜂准备新的产卵空间。追加时，应确认箱中幼蜂的生长阶段（蜂卵→幼虫→蜂蛹），看蜜蜂是从右到左还是从左到右开始产卵，在接下来有可能产卵的方向放入巢框。这时应注意要将巢框放在蜜脾的内侧而不是外侧（参见第74页）。

追加继箱只是当下层蜂箱空间不足时用来降低分蜂热的方法之一。如果追加过早，蜜蜂会完全冷淡下来，应注意追加的时机。一般看傍晚时分，如果有相当于1张巢框分量的蜜蜂聚集在巢门外就可以追加继箱了（参见第76页）。

分蜂热高涨时，追加巢础框会好过追加巢脾。因为这样蜜蜂会热衷于建造蜂巢，有缓解分蜂热的效果。

追加巢础框是缓解分蜂热的好办法，而且能使工蜂将精力转移到筑巢脾上。

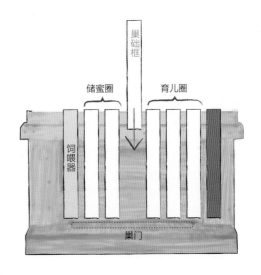

降低分蜂热的人工分蜂法

　　内检时如发现王台，全部去除王台虽是应对方法之一，却不能完全解决分蜂热的问题。因为去除之后，蜜蜂仍会反复地造王台。而人工分蜂，则是巧妙利用王台来增殖蜜蜂的方法。从多个王台当中选择最佳的一个留下，将蜂箱中带有旧蜂王的巢脾转移到新的蜂箱中，同时放入饲料（1张蜜脾）和1张巢脾。旧蜂王在新地盘恢复气势后产卵，工蜂恢复活力之后新蜂群便诞生了。这便是人工分蜂法。

　　王台有几种利用方法。如果发现优质的王台，可以用刀切下来接到别的巢脾，或者放在蜂王不在的蜂箱中，或者用于蜂群合群（参见第90页）。如果是5月，可以将带王台的巢脾和幼蜂脾、蜜脾各1张放到新的蜂箱中。这样一来，到越冬之前或许就能成长为一个大的蜂群。

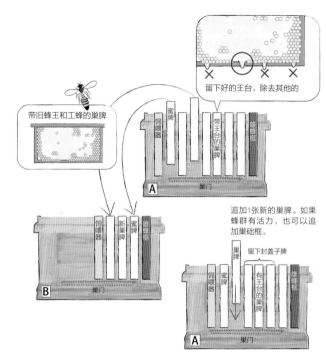

留下好的王台，除去其他的

带旧蜂王和工蜂的巢脾

追加1张新的巢脾。如果蜂群有活力，也可以追加巢础框。

将带有旧蜂王的巢脾和工蜂一同转移到新的蜂箱，进行人工分蜂。这也是降低分蜂热的方法之一。

防止蜜蜂分蜂的五大原则

为了防止蜜蜂轻易分蜂，蜂农应了解五大原则。

---

1 确保产卵、储蜜空间。

如果发现巢内有压迫感，产卵或储蜜空间不足时，蜂群便会产生分蜂热。这时候蜂农应当追加新巢框或继箱等，保证蜜蜂的产卵空间。

---

2 保持使用年轻蜂王。

第二年、第三年的蜂王产卵能力往往会下降。这时蜂群出现以更替蜂王为目的的分蜂。蜂农应定期更换蜂王。

---

3 管理雄蜂。

花园养蜂场一年会铲除雄蜂4～5次，定期将雄蜂框换成巢础框。这就相当于给蜜蜂分配新的工作，能够抑制分蜂。

---

4 培育不容易分蜂的蜜蜂。

很大程度上，蜜蜂的血统也与分蜂有关。花园养蜂场会从一整年都没有造王台的蜂群中获取幼虫，培养不容易分蜂的蜜蜂。

---

5 多检查王台。

增势期，即蜂群壮大期间，蜂农应当在内检时多观察是否有王台，确认是否有分蜂初期的征兆。根据实际情况，通过人工分蜂等方法，解决分蜂问题。

当蜂团所在位置较低时，应安静地将其诱导到蜂箱。

🐝 如果蜜蜂已经分蜂该怎么办

　　分蜂与蜜蜂的血统密切相关，假如真的分蜂了，也是没办法的事情。这时候蜂农也不必过于在意。蜜蜂会分蜂，说明其本身就是容易分蜂的。有些蜂群分蜂之后会在高处结成蜂团，回收蜂团常常伴随生命危险，还是不要勉强为妙。如果蜂团在较矮的树木上，可以在树下放置蜂箱，摇晃树木让蜜蜂掉落。蜂王进入到蜂箱中，其他蜜蜂自然也会回去。

蜂群的育成和分割

蜂农若想增加规模，就需要培育蜂群。

蜂群培育的最佳时期是5月和6月，推荐使用继箱来增殖。

如果能够成功培育蜂群，即使当年暂缓采蜜，第二年的采蜜量也会明显增加。

巧用继箱培育蜜蜂，同时培育蜂王

　　增加蜂群的最佳时期是蜜蜂活动最活跃的5月和6月。特别是5月，这时处于育儿期的燕子较少，利于蜂王接触交尾飞行，是增殖蜂群最佳的时节。蜜蜂的培养恰恰是在蜜源丰富且蜜蜂活跃的5月才能实现。蜂农应按照计划开展工作。

　　首先选择健康有活力的母蜂群。在决定用来培养蜂群的蜂箱中放入隔王板和继箱。放入隔王板和继箱不是为了采蜜，而是为了培育蜂群。通过使用隔王板，能够在不影响蜂王产卵的情况下有效地增殖蜂群。

　　我们将在下一页通过插图的方式介绍以A作为母群的增群方法。要增群就需要许多新蜂王。蜂王的培育（参见第97~101页）也要同时有计划地展开。蜂王的培育大约需要16天，蜂农可以从增群时期开始倒推，提前做好准备。如果无法培育蜂王，也可以购买。

巢门外有很多朝下的蜜蜂，说明该蜂群有活力。

✿ 不使用隔王板或继箱的培育方法

　　一种方法是不放入隔王板直接放继箱，让蜂王在上下层自由活动、产卵来培育蜂群。另一种方法是不放继箱，把原有蜂箱一分为二。如果采用第二种方法，应当把蜂王隔离在蜂王笼里，防止蜂群造急造王台。这种做法会阻碍蜂王产卵，难得的增殖期也白白浪费了。

　　花园养蜂场为了利用难得的增殖期，不影响蜂王产卵，一般采用追加继箱的方法来培育蜂群。

饲喂器或雄蜂框怎么办

分割之后由于蜂群尚小，这时也可不放入雄蜂框。花园养蜂场一般还是会在所有的蜂箱中放入雄蜂框，也会放入饲喂器，用饲喂器充当分隔板。蜂群这时不会吃很多糖液，放入小号的饲喂器（参见第13页）就可以了。在蜜源不足的时期，蜂农应随时为蜜蜂提供饲料（参见第66页）。

移动原有蜂箱

分蜂时，一般要将新蜂箱放在原有位置，移动原有蜂箱。这样一来，新蜂箱的蜜蜂回到原来蜂箱的可能性就会降低。

为实现增群的分割技巧　　将A作为母群，培育C群、D群、E群……

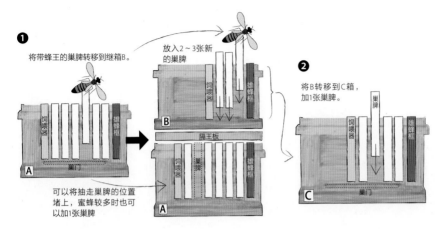

❶ 将带蜂王的巢脾转移到继箱B。

放入2~3新的巢脾

隔王板

巢门

A

可以将抽走巢脾的位置堵上，蜜蜂较多时也可以加1张巢脾

B

❷ 将B转移到C箱，加1张巢脾。

巢脾

巢门

C

在母箱A开始出现分蜂热前做好准备。
放入隔王板后放上继箱B，将带有蜂王的1张巢脾放到继箱中，周围放入2~3张新的巢脾。

9~10天之后，将继箱B转移到C箱上。蜜蜂数量较多时可以追加1张巢脾。如果少于9天，A箱可能会出现急造王台。

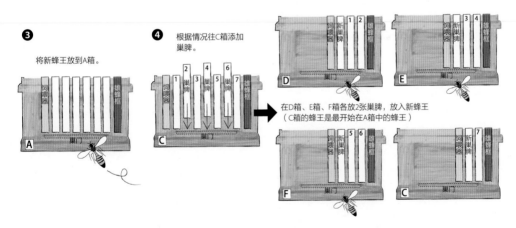

❸ 将新蜂王放到A箱。

A　巢门

❹ 根据情况往C箱添加巢脾。

C　巢门

在D箱、E箱、F箱各放2张巢脾，放入新蜂王
（C箱的蜂王是最开始在A箱中的蜂王）

D　巢门

E　巢门

F　巢门

C　巢门

将B移到C几天后，由于来自A箱蜂王的外激素消失了，并且没有合适的幼虫可以造急造王台了，因此箱中的蜜蜂心情会发生转变，可以接受新的蜂王。这个时候往A箱中引入刚刚羽化的新蜂王。新A箱还可以再次作为增群的母箱来使用。

随着C箱中蜜蜂增加，应当往C箱中添加巢脾（参见第74页）。之后，再进一步分割C箱。根据封盖蜂儿脾数量，可以分成多个小群。如果有7张封盖蜂儿脾，可以每2张巢脾分成一个蜂箱，将7张巢脾分到3个蜂箱中。如果是在5月，由于时值增殖期，哪怕只有1张巢脾也足够增殖。这时候可以一个蜂箱1张巢脾，这样便可以分成4箱，再向蜂箱中引入新蜂王。如果是优质蜂王，在越冬之前便可以使蜂群壮大为成熟的蜂群。

合并蜂群

合并蜂群就是将较弱的蜂群合并为一个蜂群，从而强化蜂群的技巧。合并蜂群分为两种：一种是留下一个蜂王，将弱群合成一个蜂群；另一种是将无蜂王群合并到有蜂王群中。

弱群的合并主要在越冬准备期开始

当蜂群没有蜂王或因为其他原因难以越冬时，蜂农可以采取合并的方法。通过合并扶持弱势蜂群，将两个蜂群合为一个。

花园养蜂场主要是在越冬准备期开始合并蜂群。如果是在春季，由于这时候是培育蜂王的时节，考虑到明年的增群，比起合并弱群，为蜂群引入新蜂王才是上策。

由于蜜蜂领地意识强，一般的方法无法实现合并蜂群，但如果给两边的蜂群同时喷上木醋液、糖液、电解水的其中一种，合并便会比较顺利。不过，由于气温下降，在喷这些液体的时候应注意不要让蜜蜂着凉。

花园养蜂场以晚秋时开花的帝王大丽花为信号，帝王大丽花开花期间可以喷这些液体，等到花谢了就不再喷了，之后便采用喷烟器来合并。

合并蜂群后蜂农应持续确认蜂王是否还存活着。如果合并失败，蜂王的尸体会出现在巢门外。这时可以再次进行合并，如果有新蜂王也可以导入。答案并不只有一个。

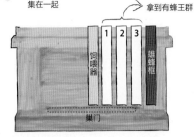

无蜂王群 在合并的几天前，抽掉蜜蜂较少的巢脾，让蜜蜂聚集在一起

拿到有蜂王群

饲喂器 | 1 2 3 | 雄蜂框

巢门

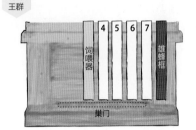

有蜂王群

饲喂器 | 4 5 6 7 | 雄蜂框

巢门

无蜂王群和有蜂王群的合并

春季新蜂王飞出去交尾没有回来，或是新蜂王的引入不顺利时，也可以采取合并。如果小群里面有旧蜂王（参见第105页），可以用来合并。这个时候要注意将没有蜂王的群合并到有旧蜂王的蜂群中。

有的人会使用喷烟器，但在气温较高时将糖液和木醋液喷在无蜂王群较容易实现合群。

弱群和弱群的合并

合并两个弱群时，应内检比较一下巢脾，留下气质温和的工蜂较多的蜂群的蜂王。这时虽然也需要看蜂王的出生年月日，但有时候年长的蜂王反而产卵能力强，因此应当仔细确认。

合并方法与用新蜂王取代旧蜂王的方法一致（参见第101页）。为了防止蜂群造急造王台，应提前10天将要去除的蜂王用蜂王笼隔离，并在合并2天前去掉蜂王。这样一来，在失去了蜂王的蜂群迫切希望有新蜂王时就可以合并了。

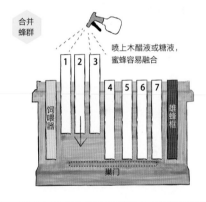

合并蜂群

喷上木醋液或糖液，蜜蜂容易融合

饲喂器 | 1 2 3 | 4 5 6 7 | 雄蜂框

巢门

☑ **合并蜂群数日后的检查列表**

☐ 合并蜂群后蜂王是否安全

☐ 巢门前是否出现了蜂王的尸体

☐ 蜜蜂相处是否融洽

8~10天前	→	2~3天前	→	合并当天
将要去除的蜂王用蜂王笼隔离		拿走装有蜂王的蜂王笼		给两个蜂群喷上木醋液等，合并蜂群

培育蜂王的方法

培育蜂王需要有熟练的技术，如果蜂农不具备丰富经验与知识，是较难成功的。
培育蜂王可以说是成为养蜂专家的重要一步。

应当培育什么样的蜂王呢

积累了一定经验之后，蜂农就会发现产卵能
力、采蜜量、蜂群的脾性、抗病能力等都与蜂王
的特性有着密切联系。优良特性虽然也与蜜蜂的
品种有关，但是更多是与血统相关。

特别是对于专业蜂农来说，培养具有良好血
统的蜂王是实现稳定养蜂的根基所在。

什么时候适合培育蜂王呢

好的蜂群应具备产卵能力强、采蜜量多、脾
性温顺、有抗病能力等条件。

比如说，同等采蜜量的两个蜂群，脾性温顺
的蜂群更佳。我们应当选择具有较多优秀条件的
蜂群作为母群。

一般认为5月是最适合培育蜂王的时节。花
园养蜂场由于蜂箱较多，培育期间从5月持续到9
月。这样一来，由于储备了较多优质的蜂王，蜂
场可以顺利地应对各种突发状况。例如，当突发
某些蜂箱蜂王不见时可以导入新蜂王，或者有些
蜂群状态不佳也可以更换蜂王。

花园养蜂场会每年更换用来采蜜蜂群的蜂
王，引进新血统的蜂王。许多蜂农会每隔1年更换
1次，这样做既是为了避免蜜蜂近亲交配，也是为
了避免蜂王由于用尽了受精囊中的精子，无法产
下受精卵而被工蜂杀死的风险。

过去一般认为蜂王产卵能够持续3年，现在大
多2年就会接近极限，建议蜂农至少每隔2年更换1
次蜂王。

☑ **优质蜂群条件的检查列表**

☐ 产卵旺盛

☐ 采蜜表现佳

☐ 不容易分蜂

☐ 脾性温和沉稳

☐ 有抗病能力

☐ 能够越冬

封盖蜂儿马上就会成长为青年工蜂，分泌蜂王浆，这对于培育蜂王的蜂群来说是不可或缺的。

蜂王从培育到引入的大致流程

准备用于培育的蜂群	→	移虫到蜂王碗	→	寄放在用于培育的蜂群	→	蜂王的诞生	→	引入新蜂王
将旧蜂王隔离到蜂王笼中，并不时投喂饲料。		可以使用蜂儿移虫器或者使用移虫针直接移虫。		需要3~4张封盖子脾		在蜂儿羽化之前提前定好导入蜂王的蜂箱顺序。		越是刚刚诞生的蜂王越是没有味道，容易被蜂群接受。

准备可以培育蜂王的育成群

　　人工培育蜂王，需要准备一个用于培育的蜂群。什么样的蜂群才合适呢？其实那些平时我们认为可能会分蜂的，被我们当作麻烦对象的容易造王台的蜂群，恰恰最适合用来培育蜂王。只有这个时候才是它们该登场的时候。另外，育成群里应准备3~4张封盖子脾，蜂儿马上就会羽化，幼蜂能够大量分泌蜂王浆。

　　培育新蜂王前要将在蜂群中的蜂王隔离到蜂王笼，9~10天后蜂王便会停止产卵。在引入新蜂王2天之前将蜂王笼取出，蜜蜂们便会迫切需要王台。这时放入育王框，幼蜂们就会努力地分泌蜂王浆，勤劳地育儿。

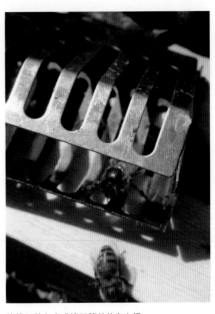

将蜂王放入夹式蜂王笼并放在上梁。

准备培育新蜂王的幼虫

9~10天前	→	9~10天前	→	2天前	→	移虫当天
隔离蜂箱中的旧蜂王 如果去掉蜂王，蜂群便会造急造王台，所以隔离时先放在蜂箱中。		**充足喂养** 应给用于培育的蜂群足够的糖液和代用花粉。		**把整个蜂王笼取出** 同时将带有饲料和少量蜜蜂的巢脾取出，将旧蜂王移到别的蜂箱（参见第105页）。		**在蜂箱中央放入移虫框** 由于没有蜂王幼虫可以让蜜蜂造急造王台，所以蜂群会迫切需要王台，从而欢欣鼓舞地迎接蜂王幼虫，培育蜂王。

培育蜂王的工具

一些蜂农将销售蜂王作为养蜂业经营的重要部分，为了满足这部分需求，市面上也有销售专业性较强的蜂王培育工具。根据培养蜂王数量的不同，蜂农选择的工具也不同。

王台移虫框
也叫育王框，既有木质的也有塑料材质的。由于是将蜂王碗装在框上，将幼虫移到当中，因此称为王台移虫框。

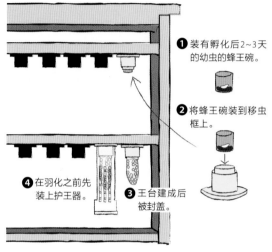

❶ 装有孵化后2~3天的幼虫的蜂王碗。

❷ 将蜂王碗装到移虫框上。

❹ 在羽化之前先装上护王器。

❸ 王台建成后被封盖。

蜂儿移虫器
蜂儿移虫器为四方形塑料制品。放入蜂王让其产卵，从背面可以安上或卸下一个个蜂房，不会碰到幼虫，也不需要用到移虫针，十分方便。

蜂儿移虫器表面。将蜂王放入中央的孔中，盖上黑色盖子，让蜂王产卵。

蜂儿移虫器背面。

将移虫器装到巢脾上，寄放在蜂群中。

装上盖子，放入巢脾。作业时去掉盖子。

产卵之后一个个取下，放到王台移虫框中。

塑料制的蜂王碗
用于培育蜂王的人工王台的基台。

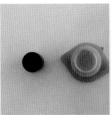

用于放入幼虫和蜂王浆的蜂王碗。

固定在王台移虫框上的蜂王碗。

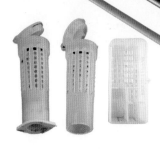

护王器
防止羽化的蜂王逃走的囚禁和保护装置。移虫后王台碗的王台开始封盖时就可以尽早装上。

移虫针
将幼虫转移到人工王台碗的像耳耙子一样的工具。材质是不锈钢的，还可以是柔软的鸟毛等。

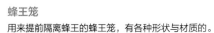

蜂王笼
用来提前隔离蜂王的蜂王笼，有各种形状与材质的。

像夹子一样的。

较长的。

竹制的。

工蜂正在照顾蜂王笼中的蜂王。

在移虫框上造王台培育蜂王的工蜂。蜂农需确认王台是否顺利成长。

倒推时间，谨慎巧妙地培育

　　蜂王的人工培育需要有丰富的知识和经验。蜂农应当有计划地仔细做好相应的步骤，才能提高成功率。

　　首先应准备培育用的蜂群（参见第93页），在优质蜂群中孵化2~3天后，将幼虫转移到人工王台碗（参见第97页）。如果移虫顺利，蜂群会扩张王台，4~5天就会封盖。为了防止先出房的蜂王攻击其他蜂王，应当提前装上护王器（参见第99页）。成功引入新蜂王（参见第100页）也是有技巧的，蜂农可通过多次练习积累经验。蜂王的培育有几个关键的时间点，包括准备培育用的蜂群的节点、幼虫孵化后的天数，以及蜂王羽化、准备导入新蜂王的蜂箱的时间等。把握这些时间节点才能顺利地培育蜂王。蜂农应当提前准备，做好计划。

培育蜂王的步骤①
移虫

使用孵化后2～3天的幼虫

蜂王的人工培育从"移虫"开始，移虫就是将幼虫转移到人工蜂王碗。移虫有两种方法，一种是直接从蜂房取出幼虫，另一种是使用蜂儿移虫器。孵化后2～3天的幼虫适合移虫。刚刚生下来的幼虫是白色的，蜂农有了经验之后能够通过颜色判断孵化3天以内的幼虫。如果幼虫吃的是花粉，则这些幼虫不会成为蜂王，只有一直吃蜂王浆的幼虫才会成为蜂王。

从蜂房直接取幼虫的情况

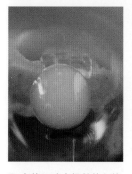

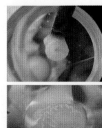

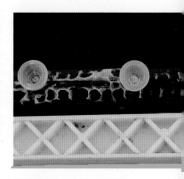

❶ 在蜂王碗中提前放入蜂王浆。

❷ 用移虫针谨慎地从蜂房中吸出幼虫。

❸ 将幼虫移至蜂王碗。

❹ 将装有幼虫的蜂王碗装到移虫框上。

使用蜂儿移虫器的情况

❶ 将蜂王放到装有蜂儿移虫器的巢脾里，将巢脾放到培育用的蜂箱。

❷ 取出蜂王产卵后的蜂儿移虫器，取下背面的盖子。

❸ 用钳子分别取下装有孵化后2～3天的幼虫的小块。

❹ 将小块装到蜂王碗，将蜂王碗装到移虫框上。

培育蜂王的步骤②
寄放在育成群

将移虫框放到准备好的培育用的蜂群中

用来培育用的蜂群，应按照第93页介绍的要领提前准备好。蜂农应事前给蜂群提供充分的饲料，这样吃饱喝足的工蜂们才能够提供大量蜂王浆。花园养蜂场除了会给蜜蜂提供糖液和代用花粉外，还会在蜂箱中间附近的上梁处放一些黑糖，作为蜜蜂的零食。这样一来就可以培育出健康的蜂王。

取出事前用蜂王笼隔离起来的旧蜂王，放入移虫框里，工蜂们便会勤勤恳恳地造王台，为幼虫提供蜂王浆，培育蜂王。

❶ 给培育用的蜂群提供充分的糖浆及代用花粉。

❷ 提前2~3天取出隔离起来的旧蜂王。

❸ 将移虫框放到蜂群中央。选择有5~7张巢脾的蜂群较佳。

✿ 使用保温器来培育时

王台封盖后除了将蜂王放在蜂箱以外，还可以放到温度设定在32~33℃的保温器中。花园养蜂场使用自制的设备，在蜂箱中放入爬虫类饲养专用的温控器，用于温度管理。使用了温控器之后，如果蜂农需要观察王台的状况，则无须再使用毛巾、喷烟器等装备，操作会变得轻松一些。

新蜂王的成长
寄放在蜂群中的蜂王幼虫在4~5天之后便会封盖，6~7天后便会化蛹，10~12天便会羽化。

❹ 寄放在移虫框数日之后，王台在逐渐地变大。

❺ 装上护王器，防止羽化后的蜂王互相攻击。护王器要在羽化之前
安装，一般封盖之后便可以罩上护王器了。

🍀 注入蜂王浆

"二次移虫法"是一种蜂农较为熟悉的蜂王培育方法，指的是将第一天已经移到蜂王碗的幼虫在第二天先拿走，重新移入新的幼虫的方法。通过这种方法可为幼虫带来更多的蜂王浆。但是，这种方法也比较花工夫。

花园养蜂场采取的是最快速便捷的方法，即用注射针注射蜂王浆。内检时发现王台中的蜂王浆较少时，蜂农可以用注射器小心地在幼虫周围注入蜂王浆。注意不要在王台下方注入，否则幼虫有可能会溺亡。

另外，移虫框可以重复2次寄放在蜂群中。第二次寄放的时候由于幼蜂成长，蜂王浆的分泌量会减少，蜂农大多是在第二次移虫的时候注入蜂王浆。蜂王浆过剩幼虫吃不完也没有关系。只要达到羽化时剩下少许的蜂王浆的程度即可。

携手培育蜂王的工蜂们。

❻ 即将羽化的王台。新蜂王会自己
从王台顶端的内侧咬破封盖爬
出来。

培育蜂王的步骤③ 导入新蜂王

羽化之后应尽快操作

导入新蜂王时，应准备没有蜂王的蜂群，或蜂王年龄大、产卵能力下降的蜂群。蜂农应对计划要导入新蜂王的蜂群事先排好顺序。对于没有蜂王的蜂群一般要尽早导入蜂王。如果是新旧蜂王交替的情况，应预测新蜂王羽化的节点，提前用蜂王笼将旧蜂王隔离起来，在导入新蜂王前2天左右将旧蜂王取出。取出后24小时，待旧蜂王的外激素消失之后便可以导入新蜂王。

羽化后的蜂王在数小时内导入蜂群，被接受的概率会提高。

❶ 准备好装有刚刚羽化的新蜂王的护王器，将它们各自导入蜂箱当中。

❷ 护王器当中羽化了的新蜂王。

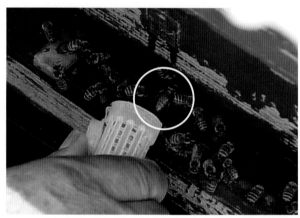

❸ 导入羽化不久的蜂王。将其放在巢门前，蜂王便会毫不犹豫地进入蜂箱中。

如何让蜂群更容易接受新蜂王呢

在巢门前放下蜂王，蜂王会径自进入蜂箱。刚刚羽化的新蜂王还没有气味，应该是较容易被蜂群所接受的。在此基础上，如果给在门口把守的工蜂喷上糖液，新蜂王就更加容易被接受。另外，当护王器里的王台传出新蜂王沙沙作响的声音时，代表羽化将近，这时可以将整个护王器挂在巢框上等待羽化。这也是成功导入新蜂王的方法之一。

🐝 新蜂王的交尾飞行

蜂王在羽化后的一段时间内会在蜂箱中闲逛。这期间蜂王吃着工蜂提供的蜂王浆，等待性成熟的时刻。羽化后6~10天，蜂王就会外出交尾飞行，与在空中相遇的雄蜂交尾。外出时间大概是在天气较好的日子里的10:00~15:00。有时会因为长时间降雨而错失良机，也可能在飞行过程中遭遇不测或者被外敌攻击而无法回巢。燕子会攻击交尾飞行中的蜂王，因此在燕子育儿期间较容易出现蜂王不回巢的情况。蜂王通常会在1天以内结束交尾回巢。平安回巢5~6天后，如果蜂王腰身变长，体格变得健硕，就说明交尾成功了。回巢后约1周时间，蜂王就会开始产卵。

新王换旧王时

如果是产卵能力下降的弱群需要更换蜂王的情况，也同样需要做好导入的准备。大约提前10天就可以将旧蜂王放进蜂王笼中隔离，以此来防止蜜蜂们造急造王台。导入新蜂王2天前，将蜂王笼中的旧蜂王取出，这时由于既没有蜂卵，幼虫也已成长，即使蜜蜂们想造急造王台也已经无法实现，因此蜜蜂们会迫切希望新蜂王的到来。

拿走旧蜂王后，在外激素消失后约24小时，蜂农便可以将刚刚羽化的新蜂王按照第100页介绍的步骤导入蜂巢。如果使用的是购买的蜂王，则需要将装有蜂王的护王器放在蜂箱上梁位置数日，好让蜜蜂之间相互熟悉。等到蜂群接受了新蜂王，给新蜂王提供蜂王浆时，就可以将蜂王从护王器中放出来。

而先前拿走的旧蜂王，如果已经年老体衰，产卵能力下降，则可以将其处理掉，或者将其放到没有蜂王的蜂群当中（参见第105页）。

放在蜂王笼中隔离起来的旧蜂王可以暂时先放在上梁。

将新蜂王放到无王蜂群中

当蜂王由于事故死亡或者外出交尾未归而不见时，应给蜂群尽快导入新蜂王。在花园养蜂场，如果发现蜂群没有蜂王，会将蜂箱上的波浪板白色的一面朝上，以作为蜂王不见的标志和其他工作人员共享信息。

如果发现蜂箱中没有蜂王，最好在3~7天以内导入新蜂王。导入时不宜将新蜂王立即放在蜂箱中，而是先在新蜂王身上喷糖液或电解水（参见第15页），让新蜂王与蜂群熟悉后再放入。电解水有消毒除臭的效果，能够去除新蜂王的气味。

表示"无蜂王、有封盖蜂儿"

花园养蜂场是这么规定的，如果波浪板翻过来了就表示没有蜂王。另外会在箱子上写是否为无蜂王群及是否有封盖蜂儿。

※微酸性电解水被指定为特定防除资材，对于蜜蜂是无害的，氯气也会马上挥发，安全性高。

如果蜂王不见了

蜜蜂能够完美地分工，前提是有蜂王存在。
如果蜂王不见了，蜂群的秩序便会逐渐混乱。如果工蜂行为异常，出现急造王台，
辨别出这是蜂王不见的标志时，蜂农应尽早采取对策。

工蜂接收来自蜂王的外激素。蜂王不在，外激素便会消失，慢慢地工蜂便开始躁动。

蜂王不见了会出现什么情况

如果出现蜂王死亡或者外出交尾飞行未归等蜂王不见的情况，时间一长，蜂群会发生什么变化呢？蜂王不在时，首先蜂群会造急造王台。如果刚好有未孵化的卵或刚刚孵化的幼虫，蜂群会将普通的蜂房建成王台，用来培育蜂王。这就是急造王台。如果新蜂王平安地在急造王台诞生，在新蜂王的领导下，蜂群仍然保持良好秩序。

但是，如果没有蜂卵或者幼虫时，蜂群就无法造急造王台。通常，工蜂们都是聚集在蜂王周围，这是为了获得蜂王分泌的一种名为蜂王物质的外激素。如果没有蜂王，工蜂不能够获得蜂王物质，此前被抑制的卵巢便会发育。这些卵巢发育了的工蜂渐渐地开始自己产卵，这个现象称为"工蜂产卵"。

由于工蜂产下的是无精卵，孵化之后诞生的都是雄蜂。如此一来，蜂群的秩序便会混乱，走向毁灭。据说工蜂产卵是工蜂传承自身基因的最后手段，雄蜂可以在之后的交尾过程中传承工蜂的基因。

蜂王不见了的标志

蜂王不见时会出现几个明显的特征，让我们提前记下来吧。

出现急造王台

蜂王不见时，首先肉眼可见的特征就是急造王台的出现。如果蜂王突然消失时，工蜂们便会找来蜂卵或幼虫，紧急将蜂房变成王台，用来培育新蜂王。急造王台在英语中称为"emergency cell"，也就是作为紧急应对措施而造的王台。

一般急造王台建在巢脾上方或正中央的周围，这就是蜂王不见了的特征。

不过，蜂群也有可能在有蜂王的情况下造急造王台，蜂农需要积累经验来分辨。

大多数情况下，工蜂会在巢脾中央周围建起多个急造王台。

工蜂的行为

蜂王不见时，工蜂会做出明显的反常行为，如会尾部上翘，心神不宁地挥动翅膀，发出"哗哗"的声响。这个动作其实是工蜂通过向外散发腹部芳香腺的气味，来告知迷路的蜂王蜂巢的位置。记住这一特征，人类也可以通过工蜂了解到蜂王不见了的信息。习惯之后，蜂农便能够从工蜂的行为了解到蜜蜂正在说："妈妈不见了。"

如果错失了蜜蜂的信号

如果错失蜜蜂发出的信号，无王状态持续20~30天，蜂巢便可能出现工蜂产卵的情况。工蜂产卵是属于异常产卵，它们不是一个蜂房产下一个蜂卵，而是将几个蜂卵产在一个蜂房中。产卵的一般是蜂群中的5～6只工蜂，产卵期间它们的身体会稍微变小，背部会闪闪发光，比较容易辨别。此时再向这样的蜂群导入蜂王为时已晚了。

🐝 如果蜂王不见了就找找蜂卵或幼虫

有很多蜂农感叹在内检时怎么找都找不到蜂王，其实我们没有必要每次都确认蜂王是否还在。如果看到蜂房上有产卵过后的痕迹或是刚刚孵化后的幼虫，就说明蜂王还在。另外，工蜂还会把蜂房打扫得干干净净的给蜂王产卵用，这也是蜂王还在的标志之一。

为了确认蜂王所在，把全部的巢脾都看一遍，这样长时间打开蜂箱的做法会给蜜蜂带来压力。也有些人在内检时，在抽出或放回巢脾的过程中，一不小心压死了蜂王，真是赔了夫人又折兵。因此，蜂农应当学会解读蜂群中蜂王尚在的特征。积累经验以后，只需打开蜂箱盖子就可以判断蜂王是否还在。

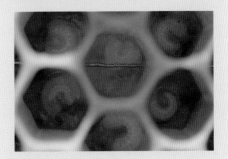

育儿顺利开展说明蜂王尚在。

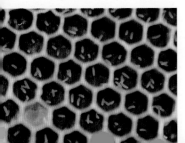

左图是日本蜜蜂工蜂产卵的状态。大多数情况下，可以看到工蜂在蜂房中产下大量的蜂卵。

蜂王不见时的应对方法

确认蜂王不在后，应导入蜂王（参见第100页）或进行合群（参见第90页）。

如果无法立刻应对，可以活用封盖蜂儿脾或旧蜂王（参见第105页）。

我们也会介绍活用急造王台培育蜂王的方法。

方法① 导入新蜂王

可以导入自家培育的蜂王或者购买的新蜂王。如果没有可以立即导入的新蜂王，有事先隔离起来的旧蜂王，也可以紧急导入。这时给旧蜂王喷上一些糖液会有助于蜂王被蜂群所接受。待准备好新蜂王后，按照第100页介绍的步骤导入新蜂王。

方法② 和其他群合并

可以将没有蜂王的蜂群和有蜂王的蜂群合并。步骤请参照第90页。

方法③ 利用急造王台

如果无王蜂群已经出现急造王台，也可以加以使用。如果有多个王台，可以选择尚未封盖的较大的2个王台。通常有1个会被毁掉，如果是2个都羽化的情况，可以将其中1个导入急需蜂王的蜂箱中。王台的蜂王如果顺利羽化，后续就和导入新蜂王的情况是相同的。

在花园养蜂场，由于从急造王台中诞生的蜂王体格大多较小，因此基本是通过移虫的方法来培育蜂王。

方法④ 让蜂群造急造王台

这个方法是通过利用别的蜂群的蜂卵或幼虫，让无王蜂群造急造王台。具体做法是将带有蜂卵或幼虫的其他蜂群的蜂儿脾放到无王蜂群的正中央。放入其他蜂群的蜂儿脾时，可以用蜂扫提前扫去工蜂，防止蜜蜂打架。作为饲料用的蜜脾等要放在饲喂器的外侧。给蜜蜂喂养糖液或代用花粉使蜜蜂尽可能地聚集在蜂儿脾，让蜜蜂造出较好的急造王台。王台建成以后应观察蜂王浆是否足够，如果蜂王浆较少，应用注射器注入（参见第99页）。之后的做法与方法③相同。

☑ **新蜂王导入后的确认内容列表**

☐ 新蜂王是否被蜂群接受

☐ 蜂王是否外出交尾飞行

☐ 外出交尾飞行后是否归来

☐ 是否开始产卵

✦ **使用封盖蜂儿脾作为应急措施**

在导入新蜂王期间，为了避免无王蜂群的工蜂产卵，可以在蜂群中加入从强群拿来的封盖蜂儿脾。追加封盖蜂儿脾期间，蜂群里不会发生工蜂产卵。

之前我们建议养蜂初学者初养蜂可以养2群（2箱）以上，就是因为当出现紧急情况时可以从其他蜂箱拿取封盖蜂儿脾或者进行合群。

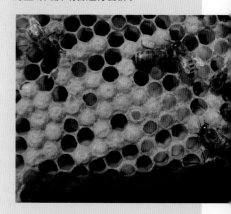

活用旧蜂王

花园养蜂场对于新旧蜂王交替换下的旧蜂王不会马上处理掉，
而是暂时放在蜂王笼中，作为备用的蜂王。
旧蜂王有很多可利用的情况。

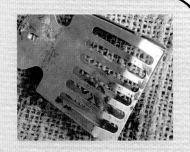

如果旧蜂王尚有产卵能力

如果旧蜂王尚有产卵能力，可以分割原有
蜂群，制作一个小蜂群。对于装有新蜂王的蜂
箱，保留封盖蜂儿脾和大部分的工蜂，另外取
出稍带蜜蜂的1～2张巢脾和旧蜂王一同放到另外
一个蜂箱中。分割时注意要为放入新蜂王的原
蜂箱保留足够的蜜蜂或幼蜂及饲料。如果巢脾
上聚集了过多的蜜蜂，应抖掉之后再放入另一
个蜂箱；如果巢脾中没有足够的饲料，可以从
别的蜂箱拿取。有一些被关在蜂王笼里已经停
止产卵10天的旧蜂王，在解放出来之后4～5天便
会重新开始产卵。

如果旧蜂王年事已高

花园养蜂场对于年老、产卵能力下降而被换
下来的蜂王不会马上处理掉。即使蜂王笼的隔离
期结束，新蜂王导入时将蜂王笼取出后，我们也
会将蜂王笼暂时放在仓库。自己庭院的蜜蜂如果
发现旧蜂王时，也会勤勤恳恳地照顾蜂王。

年老的蜂王在无王蜂群导入新蜂王之前，
能够发挥过渡作用，防止蜂群造急造王台或工
蜂产卵。这些保留起来的蜂王，能够在紧急时
派上用场。

准备培育新蜂王的幼虫

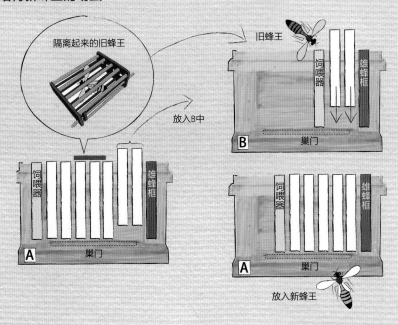

采收蜂蜜的基础知识

采收蜂蜜对于蜂农来说，是一年间辛苦劳作的回报。

蜂蜜是蜜蜂勤勤恳恳采来的，蜂农应当正确判断适合采收蜂蜜的时机。

花园养蜂场会将蜜脾从蜂场带到室内，仔细地采收蜂蜜。

带回室内后再取蜜

花园养蜂场的采收蜂蜜季从油菜花盛开的4月中旬开始，之后蜜源植物陆续开花，到7月迎来采收高峰，繁忙的日子接连不断。

采收工作从用割蜜刀割开封盖开始。采收蜂蜜比较费工夫，如果不等到蜂蜜糖度上升到一定程度再取蜜，取出来的蜂蜜会发酵。根据日本国产蜂蜜规格指导要领要求，蜂蜜中水含量应控制在22%以下。

花园养蜂场讲究不在蜂场直接取蜜，而是选择在干净卫生的室内取蜜。也有人认为在蜂场现场取蜜会比较快捷，但是假如蜂场在山里面，蜂蜜可能会引来黑熊，而且因为没有热水可以洗手，也有卫生方面的问题。如果在自家中取蜜，首先操作卫生干净，二来也不用担心蜜蜂飞到分蜜器中而死亡。如果在蜂场现场操作，因为只是替换巢脾，作业效率是非常高，但由于抽调了一定的蜜脾，相应地要有替换用的巢脾，蜂农需要准备足够的巢脾才行；另外，还要准备冰箱来保存取蜜之后的巢脾。

◆ 从花蜜到蜂蜜

蜜蜂是如何将含水量高达60%左右的花蜜制作成浓稠的蜂蜜的呢？

首先，外勤的蜜蜂要吸取花蜜，将花蜜带回蜂巢。蜜蜂之间通过口部接力传蜜，将蜜传给内勤的蜜蜂。这期间，蜜蜂唾液中包含的大量酶会混入花蜜，使得花蜜中的蔗糖分解成葡萄糖和果糖等单糖类。巢中负责换气的工蜂通过剧烈扇动翅膀，使花蜜中的含水量下降到20%左右。蜜蜂花费大量的劳力，才终于将蜂蜜收集到蜂房里。等到糖度上升到一定程度，工蜂便会用蜂蜡给蜂房封盖。

内勤蜜蜂用口从外勤蜜蜂口中接过花蜜。

几乎都封上盖子的蜜脾。

蜜脾封盖的大致标志

可以取蜜的蜜脾的大致标志，根据季节不同而不同。从春季到7月，如果蜜脾从上往下有10厘米（约1/3）呈带状封盖，这时候糖度为80%~82%，已经满足采收要求。

而8月开始的夏蜜，或许是由于湿度高的影响，难以干燥，要等到几乎全部都封盖了糖度才能达到80%，蜂农要等到90%以上的蜂房都封盖了才可以采收蜂蜜。

经验丰富之后，肉眼便可以判断糖度，还没习惯之前蜂农可以使用糖度计帮助判断。

约1/3的蜂房封盖的状态。

🐝 蜜脾的回收要选择在早上进行

蜜脾的回收要选在当天的蜂蜜还没有被混入的早上进行。当天的蜂蜜还没有蒸发，混入原有蜂蜜中后会导致蜂蜜变稀，容易发酵。太阳升起来之后蜜蜂会飞出去采蜜，因此花园养蜂场一般会在日出之前，早上4:00~5:00回收蜜脾。即使在蜂场直接取蜜，也是同样的做法。

在蜜蜂早出采蜜之前回收蜜脾。

🐝 什么是关王取蜜

在流蜜期关蜂王来增加采收量的方式被称为关王取蜜。这个方法通过暂停蜂王的产卵来使得封盖蜂儿出房的蜂房里储满蜂蜜。这样一来用于育儿的蜂蜜减少了，相应地储蜜量也就增加了。关王取蜜取的是那些已经结束育儿的蜂房中的蜂蜜。花园养蜂场会在巢箱中放入隔王板，这样便只从继箱采收蜂蜜，因此无须关王取蜜。蜂农对于如何采收蜂蜜有着各自的见解，可以按照自己的思路寻找更好的采收方法。

采收蜂蜜的工具

采收蜂蜜需要准备专用的工具。花园养蜂场采收蜂蜜时同时使用市面销售的工具和自制的工具，十分谨慎小心地采收。这既是为了保证工作效率，也是为了能够去除细小的杂质。

割蜜刀

采收蜂蜜时用于割下封盖和变厚了的巢脾。用75~80℃的热水先烫一下再使用。

刮蜜器

这是用来刮开蜜蜂造的封盖的工具。刮蜜器各式各样，既有带叉的插入式刮蜜器，也有滚动式的。

竹筐

这是为了采收蜂蜜特地买来的较深的竹筐。将竹筐放入装有开关的桶中，用割蜜刀割下蜜脾的封盖后，将蜜盖放到竹筐当中。

过滤器和筛子

过滤来自分蜜器的蜂蜜，将蜂蜜放入铁罐时使用的工具。过滤器上装有开关，可以防止蜂蜜溢出。

带开关的桶

桶上带有开关，桶里蜂蜜满了可以打开开关让蜜流出来。

木框

自制的木框，尺寸刚好能够放到桶上。左边有一个四方形的孔，将蜜脾的角卡在孔中可以固定蜜脾，这样便于用割蜜刀割封盖。

蝉翼纱

将蜂蜜装到瓶里之前，要先将铁罐中的蜂蜜转移到另一个罐里，这时将蝉翼纱放在罐上方用来去除杂质。

分蜜器

通过离心力将蜜脾中的蜂蜜甩出，蜂蜜挂在内壁后流到罐底。蜂农将这个过程称为取蜜。根据分蜜器种类不同，能够放置的蜜脾数量各不相同。花园养蜂场使用的是大型的分蜜器，能够同时放置9张蜜脾，不用更换方向也会自动反向旋转，能够一次性摇取较多的蜂蜜。

将9张蜜脾放到分蜜器中一次性摇取。

🐝 各式各样的分蜜器

分蜜器是采收蜂蜜时必须用到的工具。蜂农可以根据饲养的蜂群数量和空间选择相应的型号。

透明的分蜜器可以看见内部，适合用于取蜜体验活动。　　可以放入3张蜜脾的手动分蜜器。

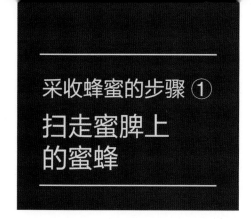

采收蜂蜜的步骤 ①

扫走蜜脾上的蜜蜂

一般是手动扫走蜜蜂

　　从蜂箱回收蜜脾后，首先必须扫走框上的蜜蜂。一般做法是使用蜂扫扫走蜜蜂。不过由于花园养蜂场一次性回收大量的蜜脾，有时也会使用电动的扫蜂机。

　　蜜蜂厌恶被碰到身体，因此应快速操作。

用手抖落

用双手牢牢抓住蜜脾，往下施压抖落蜜蜂。剩下的用蜂扫扫落即可。

❶ 牢牢抓住从蜂箱取出的蜜脾两边的耳朵，向下方快速抖动。蜜脾上的大部分蜜蜂会因为抖动而掉落。注意抖动的时候不要撞到蜂箱。

❷ 如果蜜脾上还有蜜蜂，可以用蜂扫轻轻扫走。

❸ 这是抖落蜜蜂后的蜜脾。

使用扫蜂机

扫蜂时使用电动扫蜂机，可以节省手动抖动的工夫。

不过如果是在没有通电的蜂场使用，则需要准备发电机。

❶ 将从蜂箱中取出的蜜脾放入扫蜂机中。

❷ 手持蜜脾放入扫蜂机底部。

❸ 拿出来后蜜蜂已经被抖落了。

❹ 抖落的蜜蜂会掉在下方的箱子当中。

❺ 将蜜蜂送回蜂箱。

采收蜂蜜的步骤②

回收蜜脾，
放入巢脾

提前准备巢脾

　　回收抖落蜜蜂后的蜜脾，将蜜脾放在铺好大塑料袋的箱子当中，盖上盖子。在抽出蜜脾之后，提前将新的巢脾放到蜂箱之中。采收蜂蜜时，这些工作需要快速流畅地进行，因此需要事前准备好用来放置所需巢脾和蜜脾的蜂箱。

❶ 在用来回收的蜂箱中放入大塑料袋。

❷ 将回收好的蜜脾仔细地装在箱中。

❸ 在抽取蜜脾的蜂箱当中放入新的巢脾。

❹ 将回收结束的箱子放到卡车上，用绳子绑紧防止箱子倒塌。

采收蜂蜜的步骤③
取蜜

用割蜜刀割下封盖，用分蜜器取蜜

从蜂箱中取出的蜜脾，要用割蜜刀将封盖切开，再放到分蜜器上取蜜。割蜜刀使用之前要提前预热。这要求蜂农高效作业。我们使用保温水壶来保温。也有蜂农在锅里面放入热水，将锅放在便携式煤气灶上加热。

花园养蜂场使用的是电动分蜜器，在室内取蜜。

❶ 从蜂场回收回来的蜜脾。

❷ 用水壶的热水（75~80℃）预热割蜜刀。

❸ 花园养蜂场的割封盖套装。右边是用来作为保温器使用的电热水壶。左边是用来装蜜盖的竹筐。将竹筐装在带有开关的特制的桶中。从封盖上掉落的蜂蜜会通过竹筐流到桶的下方，开关打开之后蜂蜜可以流出来。

❹ 附着在蜜脾周围的赘脾可以用起刮刀刮掉。

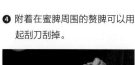

❺ 将蜜脾放在木框上方。花园养蜂场在竹筐上方放置了一个手工制作的木框，巢框刚好可以卡在木框上。

❻ 将割蜜刀从热水中取出，用毛巾擦干。用割蜜刀在蜜脾上由下至上切下封盖。

❼ 切完封盖后的状态。

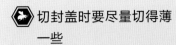

切封盖时要尽量切得薄一些

如果封盖切得过厚，蜂蜜会附着在封盖上，造成浪费。切封盖时，要注意尽量切得薄一些。一开始不熟练往往会切得比较厚，切的数量多了就能切得薄一些。切封盖时提前预热好2~3把割蜜刀，这样便可以交替着使用。

❽ 将切完封盖的蜜脾放入分蜜器。

❾ 花园养蜂场使用的分蜜器可以放入9张蜜脾。

⑩ 将蜜脾装到分蜜器上便可以开始取蜜了。如果使用的是电动分蜜器，则打开开关即可；如果使用手动分蜜器，则需用手摇动。通过转动蜜脾，在离心力的作用下蜂蜜会顺着内壁往下流。

⑪ 这种电动分蜜器会自动反方向转动，两面都可以取蜜。如果使用手动分蜜器，则需要取完一面之后换另外一面。

⑫ 取完蜜的巢脾。里面已经没有蜂蜜了。

⑬ 取出来的是粗蜜，需要用过滤器和筛子过滤。筛子因碎屑（蜂蜡）堵塞时应进行更换。

⑭ 将蜂蜜放入铁罐中，结束取蜜。一个铁罐大约能装24千克蜂蜜。花园养蜂场为方便作业，会将装蜜的铁罐放在分蜜器的下方，另外还会将计量用的工具设置在铁罐下方。

让蜜蜂打扫取完蜜的巢脾

　　取完蜜的巢脾可以放回蜂箱作为再次储蜜用。

　　如需保存巢脾，有一个方法可以让蜜蜂帮忙打扫。准备3层蜂箱，将想让蜜蜂打扫的巢脾放在最上层。中间的箱子不要放任何东西。这时，蜜蜂会将附着在巢脾上的蜂蜜舔干净，运到最下方的箱子去。3~4天后，等巢脾变干净了就可以回收了。

　　这个方法是利用了蜜蜂的特性。蜜蜂如果发现一段距离以外的地方有饲料或花粉，就会判断那是别人的东西，然后会把这些食物带回自己的场所。

用小型手动分蜜器取蜜的情况

如果蜜脾数量较少，使用手动分蜜器会较方便。

下图中使用的是可以看见内部构造的透明分蜜器。

❷ 这种分蜜器可以装2张蜜脾。装上后用手摇动。

❶ 切开封盖后装到分蜜器上。

❸ 蜂蜜被甩到内壁，顺流而下。

❹ 变换巢脾方向再次取蜜。

❺ 通过下方的开关将蜂蜜转移到另外的容器中。

采收蜂蜜的步骤④
装入容器

过滤蜂蜜中的杂质，装入容器中制作成商品

在最后一个步骤，也就是装瓶时，应谨慎操作，防止蜂蜜中混入细小的杂质。如果将蜂蜜作为商品销售，需要在盖子和瓶子上贴上各种标签，相应的规定需要向相关部门确认。在这里我们介绍花园养蜂场的装瓶步骤。

❶ 在蜂蜜罐上盖上蝉翼纱，防止杂质混入。

🐝 蜜罐相关的小技巧

蜜罐能刚好完美地收纳到木制的架子上，这个架子是手工制作的。在架子后方装有阶梯，通过阶梯，即使是女性也能够轻易地将较重的铁罐抬到架子上。由于蜂蜜本身较重，如何在工作的同时不给身体带来负担是十分重要的。

❷ 如果弄错布的正反面会混入杂质，因此需要注明正反面。

❸ 将铁罐中的粗蜜边调整流速边倒入蜜罐中。

❹ 将蜜罐中的蜂蜜装瓶，盖上盖子。

❺ 在表面贴上商品标签。

❻ 在背面贴上商品成分表。

密封

使用塑料密封条的情况

❶ 罩上塑料密封条。

❷ 用吹风机加热，密封。

贴标签的情况
使标签横跨盖子
和瓶子。

使用塑料瓶的
情况
将塑料瓶装在透
明袋中，用塑料
绳系紧。

 标签需包含的项目

　　贴在商品上的标签必须包含商品名、内容量、保质期等项目。商品不同，其要求也不同，需向各地的相关部门确认。

应对胡蜂的措施

夏末秋初令蜂农烦恼的便是胡蜂的来袭。花园养蜂场除了日常的巡逻以外，还在蜂场罩上防护网，同时使用捕捉器捕捉胡蜂，以此来保护重要的蜂群。

只要养蜂，胡蜂便会找上门

花园养蜂场位于埼玉县，8月中旬~11月初胡蜂会大量来袭，主要是在早上凉爽的时间。这个时期自然界昆虫变少，胡蜂会瞄准蜜蜂或蜂房中的幼虫反复发起攻击。特别是大黄蜂，最开始会单独飞来，如果放任不管，大黄蜂会马上带领蜂群来袭，占领整个蜂箱，毁灭整个蜂群。

日本蜜蜂遇到胡蜂，会采取防卫措施，将胡蜂围起来热杀。而意蜂，由于原产地没有胡蜂之类的昆虫，比较难以与这种强敌对抗。蜂农不能懈怠，应多加巡视，从胡蜂纠缠不休的攻击中保护自己亲手培育的蜜蜂。

大黄蜂有可能会毁灭蜜蜂，蜂农应切实做好对策。图中是飞到乌蔹莓花上的大黄蜂。

日本大黄蜂
世界上最大的胡蜂，头部呈橙黄色。攻击性强，会在树洞或地里筑巢。
工蜂体长为27~38毫米。

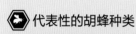

❀ 代表性的胡蜂种类

在蜂场看到的胡蜂，主要是以下4种。最需要警惕的是大黄蜂。

黄胡蜂
体形最小，如名字一样通身泛黄。
工蜂的体长为17~24毫米。

黑尾胡蜂
中型。攻击性较弱，尾部为黑色，较容易区分。
工蜂体长为24~37毫米。

日本胡蜂
中型。形似大黄蜂，较难区别。比日本大黄蜂稍小，攻击性低。
工蜂体长为22~27毫米。

应对胡蜂的措施①
罩防护网

罩上日本大黄蜂难以通过的网来防止入侵

花园养蜂场会在蜂场架起农业用的拱形支架，在支架上罩上防护网来防止胡蜂来袭。网眼大小为12毫米。胡蜂通过这个尺寸的防护网需要花一定的时间。蜜蜂通过学习则能够通过这个网。不过，罩了网并不意味着就绝对安全了，也有一些胡蜂能够通过防护网，因此需要配合人的防御。

在拱形支架上罩上特制的防护网来防止胡蜂入侵。周围留有一定的空间，蜂农可驾车在周围巡视。

选择网眼大小时既要能防止胡蜂入侵，又不会使蜜蜂脚上的花粉被卡住而掉落。

作业时将防护网抬高，如果蜂箱中有需要外出交尾的处女蜂王，应提前将蜂箱放在网外。在台风之前应将防护网都撤走（参见第43页）。

蜂箱数量较少的情况

有些蜂农蜂箱数量较少，就不需要搭建大型的支架，可以直接在蜂箱上罩上防护网。

应对胡蜂的措施② 使用捕捉器

通过采取多个措施击退胡蜂

日本大黄蜂能够摧毁整个蜂群，最开始它们会单独飞行，袭击把守巢门的蜜蜂。如果忽略了这个初期阶段，慢慢地它们便会成群结队地来袭，逐渐增加攻击性。

初期阶段蜂农可以同时使用各种捕捉器，从各个方面击退比较有效。

使用市面销售的捕捉器

被捕捉器捉到的日本大黄蜂。

这个捕捉器利用了大黄蜂造访巢门时习惯从上方飞来的习性。上面的笼子就是陷阱。

使用粘鼠胶捕胡蜂

把一只活的胡蜂粘在粘鼠胶上，意识到伙伴存在的其他胡蜂会纷纷赶来，被粘鼠胶粘住。

使用自制的捕蜂器　　花园养蜂场还使用自制的捕蜂器

■利用塑料瓶

在瓶中装入引诱胡蜂的诱引液体。诱引液体由5升栗子糖水、可尔必思乳酸菌饮料（350毫升×2瓶）、酵母菌（3克×2袋）混合后放置一晚上发酵而成。

■改造蜂箱

在侧面开孔，胡蜂被诱引液吸引上钩之后就无法逃脱。

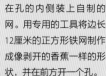

■自制网的部分

在孔的内侧装上自制的网。用专用的工具将边长12厘米的正方形铁网制作成像剥开的香蕉一样的形状，并在前方开一个孔。

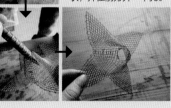

应对胡蜂的措施③
人工用捕虫网捕捉

使用捕虫网捕捉胡蜂

最后我们再介绍人工用捕虫网捕捉胡蜂的方法。这个方法是最简单的，也是最实在的。胡蜂袭击蜜蜂时，会放松警惕，这时捕捉它们要比想象的容易。

不过，一次性成功捕捉是非常关键的。因为如果失败了，胡蜂便开始向人发起攻击。因为敌人是胡蜂，我们要小心谨慎，不可胡来。

花园养蜂场使用装洋葱的红色网来捕捉胡蜂。

用来装洋葱的这种袋子，底部较深，捕捉到胡蜂之后，折叠网袋，从而降低胡蜂逃走的概率。

⬡ 是在攻击还是在占领蜂箱？判断情况很重要

日本大黄蜂身上带有能给人造成致命伤害的毒针。蜂农需要慎重判断飞来的胡蜂是正在攻击蜜蜂，还是已经占领了蜂箱。

在胡蜂攻击的初期，胡蜂对蜂场的人不太关心，不太会去蜇人。等到成群飞来，占领了蜂箱之后，胡蜂会把周围的人也当作敌人，发起正式的攻击，因此人应当保持最高警惕。

看到胡蜂在巢门进出，或者从巢门内侧观察外部情况，说明胡蜂很有可能已经占领了蜂箱，这时不要去捕捉或者稀里糊涂地打开盖子。如果蜂箱已经被占领了，初学者不要强行驱除，而应找来专业人士驱除胡蜂。

平常捕捉胡蜂时应由2人以上共同执行，如果出现被蜇的情况，可以由其他人帮忙叫救护车。

⬡ 胡蜂的利用

花园养蜂场将捕捉到的胡蜂装在有蜂蜜的瓶中，使其泡在蜜中进行腌制。将活的胡蜂放入蜂蜜里，胡蜂的唾液及针毒会溶入其中，这样的蜂蜜有滋补、强身健体的效果。腌制之后会有腥臭味，需要花上1~2年时间熟成，熟成后为琥珀色。胡蜂不可食用。

捕获后，趁着胡蜂还活着，将其放入蜂蜜中。注意不要被蜇到。

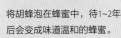

将胡蜂泡在蜂蜜中，待1~2年后会变成味道温和的蜂蜜。

蜜蜂的馈赠

蜜蜂的生态有许多不可思议的事情。孵化之后与其他工蜂没有一丝不同的蜂王通过持续食用蜂王浆，体格逐渐变大，寿命变长，成为蜂王。我们从这种神秘昆虫的产出物中获得巨大的恩惠。

蜂蜜

蜂蜜是工蜂用分泌的酶类对吸来的花蜜进行加工，并在巢内努力扇动翅膀去除水分而制成的储备食粮。蜜蜂封盖的蜂蜜糖度充足，能够长期保存。

另外，虽说都是蜂蜜，但根据蜜蜂所采花蜜的种类不同，蜂蜜的颜色、味道、营养成分也不同。像栗花或荞麦花的蜂蜜，矿物质含量高，颜色较浓，香气也比较独特；菩提树蜂蜜则会有草本的香气。建议可以品尝各种蜂蜜的味道，了解它们各自的特性，根据喜好和用途区分使用蜂蜜，相应的乐趣也会提升。

蜂蜜的主要成分是葡萄糖和果糖，这些糖与人类肠道内消化后的单糖是同一种糖，能够直接被肠道吸收，不会给肠胃带来负担。另外，蜂蜜中还含有少量的矿物质和各种维生素。蜜蜂在制作有益于人类健康的蜂蜜的同时，通过搬运花粉也为蔬菜水果的结果做出贡献。蜜蜂对于人类，对于自然来说，都是不可或缺的重要存在。

蜜蜂收集的花蜜在蜂巢中变成蜂蜜。图中是正在舔蜂蜜的蜜蜂。

蜂蜜糖

蜂蜜糖是使用蜂蜜制作的糖。蜂蜜除了有抗菌保湿的作用，还有镇静作用，可以缓和喉部疼痛，对于口腔溃疡也有效。另外，在果糖的作用下，血糖上升慢，糖转化为脂肪的量减少，也有益于减肥。不过应注意不要过量食用。

蜂蜜糖可以让我们轻松地品尝蜂蜜的美味。

蜂蜜皂

蜂蜜有较好的保湿效果，能够为肌肤补充营养成分，达到美肤的效果。蜂蜜被用来制作化妆品正是源于这个理由。花园养蜂场通过混合结晶蜜、光叶紫花苕蜂蜜和山樱蜜来制作美容皂。

花园养蜂场使用蜂蜜制作的蜂蜜皂。洗脸皂中加入了透明质酸和具有高保湿效果的保湿因子。身体用的肥皂中加入了胶原蛋白和8种氨基酸。由于不含其他添加物，蜂蜜皂广受大人和小孩喜爱。

蜂蜡

蜂蜡是蜜蜂在造巢时从腹部分泌出来的蜡。将采收蜂蜜时切下来的封盖和赘脾收集起来，加热熔化之后去除碎屑和杂质即可利用（参见第126页）。蜂蜡在很久以前就广泛应用于蜡烛、书信的密封、奶酪的表面涂层、擦鞋油、绘画用具、面霜和工业制品上。

花园养蜂场在圣诞节期间也会销售手工制作的蜡烛。用蜂蜡制成的蜡烛不会产生煤烟，缓缓燃烧，还有甜甜的香味，非常适合用来营造冬季室内温暖的气氛。

将封盖和赘脾加热到65~70℃，去除杂质后使用。

蜂胶

蜜蜂不喜欢有空隙，蜂胶就像用树脂制成的黏着剂一样，能够填满巢框之间的空隙、巢框与箱盖之间的空隙，让巢门变窄，同时也可以用来涂在外敌的尸体上，防止尸体腐烂。蜂胶抗菌作用强，据说工蜂在育儿前在蜂房底部涂上蜂胶是出于杀菌需要。

蜂胶英文名为propolis，这一词来自希腊语，pro表示前方的意思，polis表示城邦国家的意思，连起来是保卫城市的意思。据说是因为蜜蜂会在蜂箱的城门——巢门处涂上蜂胶，因此蜂胶才取名为propolis的。近年的研究表明服用蜂胶可以预防感冒，提高免疫力，抑制认知功能下降，其效果备受瞩目。

图中的工蜂正在把附着在巢框上的蜂胶收集到花粉篮中。

蜂王浆

蜂王浆又称蜂王乳，是青年工蜂们以花粉为原料从头腔腺体中分泌出来的用来培育蜂王的食品。蜂王浆中含有高质量的维生素、矿物质和氨基酸，一般认为蜂王浆有美容养颜的效果，有益健康，因此人也食用蜂王浆。现在，蜂王浆中还有部分成分尚未研究明白，特别是当中含有使幼虫成长的活性蛋白质 "Royalactin"，许多研究人员都在致力于揭开谜底。如果是自己采蜂王浆，可以准备一张专门用于采蜂王浆的巢框，操作与移虫相同。采集蜂王浆需要管理采集时间、温度、湿度，一点点地收集，非常需要耐心。

现在，蜂王浆的成分尚未完全研究出来。

蜂针疗法

蜂针疗法是利用蜂毒来治疗身体各种不适的疗法。一般认为，蜂毒能够调整自律神经，促进自然治愈。古埃及曾经使用这种治疗方法。

治疗时，将蜜蜂身上拔下来的蜂针前端稍稍插进皮肤表皮，利用蜜蜂的蜂针和蜂毒来治疗。不过需注意，对蜂毒过敏的人不可尝试该疗法。

使用该疗法时，除了要了解蜂毒成分以外，还需要了解其副作用，学习针灸治疗的脉络穴位知识。日本API治疗协会会定期开展相关培训。

▼日本API治疗协会 www.npoapi.com/
※所谓API治疗，指的是通过蜂针疗法及蜂蜜、花粉、蜂王浆、蜂蜡等蜜蜂的产物来促进和维持日常健康的疗法。

蜂蜡的使用方法

蜂蜡是蜜蜂用来筑巢的蜡，也是人类非常熟悉的天然素材，从古代开始人类便已经广泛使用蜂蜡了。平时采收蜂蜜的时候可以将封盖或赘脾收集起来，用来制作手工蜡烛等。

蜂蜡是青年工蜂分泌的蜡，
人类利用历史悠久

蜂蜡是蜜蜂筑巢时用的蜡，分泌蜡片的主要是年轻的工蜂。工蜂吃饱蜂蜜后从蜡腺分泌蜂蜡。

蜜蜂分泌蜂蜡时，可以看到蜜蜂们在蜂箱内手拉着手倒挂着。蜜蜂通过将唾液和薄薄的蜡片混合在一起，灵活地筑起蜂巢。

人类利用蜂蜡的历史悠久。有记录显示，古埃及曾将蜂蜡用于木乃伊的保存。在欧洲，人们会将蜂蜡用于书信或酒瓶的密封，这被称为"封蜡"。

现在蜂蜡还被应用在保湿霜、唇膏、家具保养、绘画材料、口香糖等糖果、电器绝缘体，以及医疗、园艺等领域。

蜂蜡的熔点在62～65℃，通过加热或日晒熔化之后去除杂质即可使用。

用蜂蜡制成的蜡烛会有淡淡的甜香，另外不会产生黑烟，在圣诞节期间很受欢迎。

封盖由于没有混入蜂胶，可以制成纯度较高的蜂蜡。

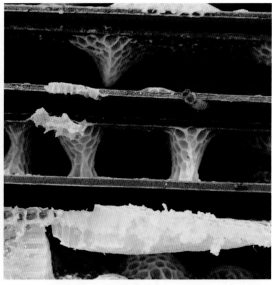

赘脾也可以收集起来作为蜂蜡的原料。

熔化后再凝固蜂蜡

通过日照熔化蜂蜡

采蜜时切下来的封盖及赘脾不要扔掉，收集起来，等收集到一定程度便可以熔化蜂蜡，加以利用。

花园养蜂场由于蜂蜡数量多，所以使用光热制蜡器。这种制蜡工具无须使用天然气或电，通过日照加热蜂蜡，蜂蜡熔化之后穿过网流到下方。白天晒蜂蜡会吸引蜜蜂前来，因此我们蜂场是在早上进行这项工作的。

❶ 准备收集起来的蜂蜡。如果有蜜蜂飞来可以用烟雾将其赶走。将蜂蜡导入制蜡器中。

❷ 铺平蜂蜡。提前将光热制蜡器朝南摆放。

❸ 在制蜡器内部可以挂上巢框。巢框上附着的蜂蜡也可以一同被熔化，巢框也就变干净了。

❹ 盖上一个双重玻璃罩。

❺ 用白天的日照熔化蜂蜡。

❻ 被网过滤的蜂蜡会堆积在下方。

❼ 熔化后堆积起来凝结成固体的蜂蜡。

精制蜂蜡

利用蜡浮于水的性质，通过加热分离杂质

接下来要对通过加热、熔化、凝固而来的蜂蜡进行精制。加热熔化后，由于蜡本身较轻，会浮在水的表面，这样便可以与杂质分离开来了。

如果想要进一步去除杂质，可以多次重复此步骤。

❶ 将蜂蜡切成方便操作的大小，放到锅里。

❷ 在锅里加入水。

❸ 开火加热至蜂蜡熔化。

❹ 等蜂蜡完全熔化后关火。杂质下沉。

❺ 等蜂蜡凝固后从锅里取出。

❻ 去除杂质后的圆盘状蜂蜡。

放入模具制作成蜡烛

使用硅胶模具，方便脱落

精制后可以选择自己喜欢的模具制作蜡烛。模具有各种材质的，有塑料的，也有硅胶的。硅胶模具不会粘连，方便脱模。蜡烛芯线有粗有细，粗的芯线火焰较大，燃烧速度快。

❶ 用锤子把圆盘状的蜂蜡敲碎。

❷ 将碎块放入锅中，隔水加热。

❸ 将蜂蜡完全熔化。

芯线的下端要稍超出模具下方的裂缝。

❹ 用一次性筷子夹住蜡烛的芯线，放在模具上。

❺ 将熔化的蜂蜡用茶滤边过滤边倒入模具里（如果纯度高则不需要茶滤）。这里使用的是蜂蜡专用的小型铁壶。

❻ 用橡皮筋将模具绑紧，放置，直到蜂蜡凝固。

❼ 松开橡皮筋，脱模，完成。

制作长柱状蜡烛

将熔化的蜂蜡逐次挂在芯线上

　　用芯线制作的简单的长柱状蜡烛，是通过将芯线逐次泡在熔化了的蜂蜡中制成的。将芯线泡在蜂蜡中，等稍微干燥后再次放入蜂蜡，如此反复。熔化后的蜂蜡用隔水加热的方法保温。蜡烛的粗细根据个人喜好而定，想要制作较粗的蜡烛可以选择较粗的芯线。制作蜡烛在冬季进行，非常有趣，大家可以尝试。

蜡烛芯线粗细
各异，粗的蜡
烛可以选择粗
的芯线，细的
蜡烛可以选择
细的芯线。

❶ 将精制凝固的蜂蜡（参见第128页 步
骤⑥）切成适当的大小，隔水加热
熔化。

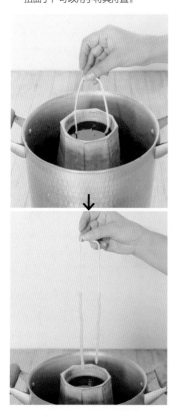

❷ 蜂蜡完全熔化后，根据想制作的蜡烛
长度剪下所需的芯线。

❸ 将芯线泡在蜂蜡中，并马上提起来。
经10～20秒表面就会凝固。如果芯线
扭曲了，可以用手将其抒直。

❹ 再次放进蜂蜡，并马上提起来。重复
这个步骤，直到蜡烛达到自己满意
的粗度。

❺ 如果需要将蜡烛
底部弄平，应趁
蜡烛比较柔软的
时候调整。

❻ 完全冷却凝固，完成。

初次养蜂 Q&A

问一问花园养蜂场的松本先生

Q1.

我是初次养蜂，要如何买齐除蜂箱以外的工具呢？

A. 养蜂所需的工具除了可以放在腰间的起刮刀、蜂扫、镊子、喷烟器等基本工具（参见第14、15）外，还有很多其他的。如果有愿意指导的蜂农，可以向他们咨询有哪些便于使用的工具。我们经常会感觉一开始购买的工具渐渐地不够用了，蜂农可以在积累经验的过程中去选择自己使用起来方便的工具。一开始如果什么都不了解，可以在养蜂工具店购买一套入门者专用的。

Q2.

大概需要多少预算呢？

A. 入门者使用的工具套装的价格通过查看养蜂工具店的价格表就可知道。养蜂需要一定的资金。一开始建议准备大约20万日元（折合人民币约1.3万元），最开始养蜂建议从2箱（2群）开始，这样可以比较2个蜂群的情况，也可以在蜂王不见时从另一个蜂箱借用封盖蜂儿脾（参见第104页）。当中价格较高的是采收蜂蜜用的分蜜器。最开始跟熟人借用也是方法之一。不过，还是要逐渐凑齐其他价格较贵的工具。

Q3.

如果蜂场周围有人家，需要注意哪些事项呢？

A. 以前我也参观过一家在街上养蜂的蜂场，为了不让人一眼就看到蜂箱，蜂场在蜂箱上盖上了竹帘子。有一些小朋友会害怕蜜蜂，如果是在周围有人家的地方养蜂，建议围上一些矮篱笆，不让周围的人直接看到蜂箱。另外，容易引起邻居矛盾的就是蜜蜂的排泄问题。衣服或车辆沾上蜂粪之后很难去除。蜜蜂喜欢在白色的东西上排泄，如果在蜂场周围准备像床单一样的白布，蜜蜂就会在那里排泄。

Q4.

是否需要加入当地的养蜂协会呢？

A. 我认为没有必要马上加入。可以先试着养1年，如果觉得可以继续养下去再考虑加入。

如果加入之后马上退出，也会给当地的协会造成麻烦。实际上也有不少人1年之后就放弃养蜂了。

花园养蜂场在养蜂第四年才加入了埼玉县养蜂协会。是否加入协会可以等养蜂工作进入正轨后再做判断。

Q5.

我想种一些蜜源植物，能否给一些建议呢？

A. 如果有私有的空地，可以试种油菜花等十字花科的植物，或者撒一些紫云英的伙伴——光叶紫花苕的种子。这些植物开花时间长，养护起来也较方便。另外，也可以在庭院里种1~2棵蜜源植物。可以自己制作开花日历，如果能种一些填补开花空窗期的植物那就更好了。花园养蜂场在自家的庭院里就种了许多蜜源植物，包括野茉莉、柿子、温州蜜柑、槐树、吴茱萸、山茶花等。蜜源植物相关介绍请参见第178~189页。

Q6.

蜂农需要怎样的心理准备呢？

A. 蜜蜂与我们一样都是生物，所以我认为养蜂最基本的就是要对蜜蜂倾注爱心，多多照看它们。哪怕无须每天都打开蜂箱的盖子，也可以经常观察蜜蜂飞翔的样子，这样可以尽早地发现问题，判断蜜蜂是否健康，是否发生了盗蜂等。夏季和冬季，把自己想象成蜜蜂来判断天气是否热或冷。

我认为对于蜂农来说，带着爱心去对待蜜蜂是最重要的心理准备。

Q7.

我想增加蜜蜂，有什么诀窍吗？

A. 在增加蜜蜂之前首先应该基本掌握蜜蜂的管理。蜂群会在1~2年就迎来蜂王交替，可以先实际体验一下蜂王交替的时节。体验后如果想要增加蜂群，可以调整蜂群，通过移虫等方法来增加蜂王（参见第97~101页）。增加蜂群之后，相应地蜂箱、巢框、饲料费用也会增加。因此在资金方面也应当做好计划。

Q8.

花园养蜂场会对蜂场进行整理整顿，养蜂有必要养成整理整顿的习惯吗？

A. 我认为有必要。养成整理整顿的习惯，就无须再逐一到处寻找工具，这样能够节省时间，提高工作效率。另外，取下来的蜜如果要用于销售，对装蜜的仓库的卫生进行管理也是十分重要的。包括打扮装束在内，应当养成平时注意卫生管理的习惯。

花园养蜂场有2名员工取得了食品卫生责任者的资格。取得这些资格也可以提醒我们日常要注意卫生。

第3章

日本蜜蜂的
饲养方法

内容支持：岩波金太郎（金式研究所）

日本蜜蜂是日本本土的野生蜜蜂，是东方蜜蜂的一个亚种，体格结实，生命力顽强，比意蜂要小，身体稍带黑色。饲养方法多样，可以用蜂箱，蜂农可根据自身喜好确定饲养方法。

和日本蜜蜂一起生活

日本蜜蜂比意蜂要小，颜色泛黑，是日本本土的蜜蜂。日本蜜蜂能够很好地适应日本气候，由于可以作为宠物来养，受到很多蜂农的喜爱。饲养日本蜜蜂需从引进野生蜂群开始。

适应日本自然环境的体格结实的蜜蜂

日本蜜蜂是广泛分布于日本（除北海道外）的东方蜜蜂的亚种之一。一般认为青森就是日本蜜蜂分布的最北端。日本是在明治时期引入意蜂的，在那之前都是饲养日本蜜蜂。在江户时期，以现在的和歌山县为中心，养蜂业十分繁盛。

日本蜜蜂本来就是日本本土的蜂种，配合日本的气候进化，具有较强的抗病、抗虫能力，即使是在高温高湿的环境也较容易饲养。日本蜜蜂也耐寒，在气温7℃左右也能够看到日本蜜蜂在蜂巢外活动。意蜂本来生存的地区没有胡蜂，所以比较难以对抗胡蜂，而日本蜜蜂则体格结实健壮，有顽强的生命力，可以成群地将胡蜂包围起来将其热杀。日本蜜蜂相比意蜂体格较小，颜色泛黑。冬季身体颜色会更加深，据说是为了能够更好地吸收阳光，提高体温。

不过，由于日本蜜蜂原本是野生的，被饲养之后往往会因为对蜂巢或环境不满意而逃走。这一点反倒激起了日本蜜蜂爱好者的热情。很多人都喜欢日本蜜蜂，也有人将日本蜜蜂当作宠物来养。

意蜂有去固定蜜源采花蜜的倾向，而日本蜜蜂则从各种蜜源采蜜，因此日本蜜蜂采来的蜂蜜称为"百花蜜"。蜂农取蜜基本上1年1次，由于是存储了1年的蜂蜜，其风味格外独特。比起意蜂，日本蜜蜂1年的采蜜量较少，不过饲养日本蜜蜂的人，一般都不太在意这一点。

与意蜂不同，市面上基本不会销售日本蜜蜂，因此一开始需要自己去找野生蜂群。

日本蜜蜂的工蜂，因季节和个体的不同，体表颜色会有所变化（如图中所示）。与意蜂的差别，请参见第165页。

日本蜜蜂的饲养年历

饲养年历中介绍蜜蜂四季的状况和蜂农的工作。

日本蜜蜂一年的状况与意蜂基本相同，请参见第54~55页。

与意蜂相比，饲养日本蜜蜂时必须完成的工作则非常少。

不过，唯独春季分蜂季来临时需要多加注意。

※ 本表以日本长野县诹访市为基准。

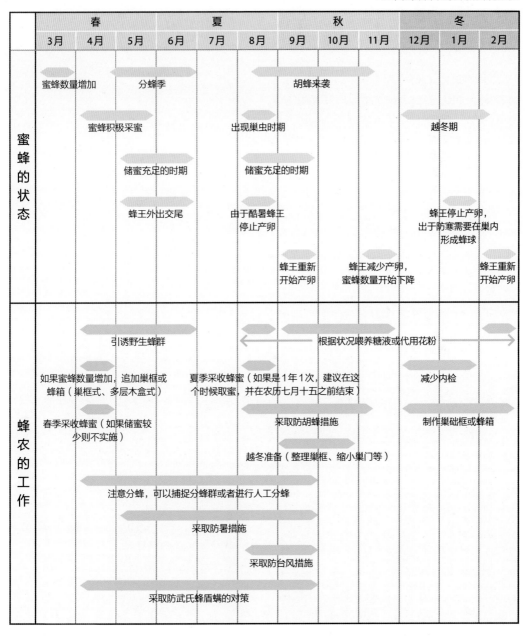

蜂箱的种类和选择方法

如果饲养日本蜜蜂，有各式各样的蜂箱可供选择。

不同蜂箱有各自的特征，可以根据目的、喜好、易管理程度选择适合的蜂箱。

是用来引进野生蜂群还是用来饲养？蜂箱有各种类型

饲养意蜂时，很多人都是从市面上直接购入整套蜂箱，其大小结构基本相同。而日本蜜蜂饲养历史悠久，发展到现在已有不同类型的蜂箱。首先，我们要了解有什么类型的蜂箱，再根据目的和饲养方法，选择适合的。

引进野生蜂群的蜂箱

饲养日本蜜蜂，首先需要引进野生蜂群。用来引进蜂群的蜂箱叫作"等候箱"，接近自然环境的蜂箱比较受蜜蜂欢迎。用钻孔的圆木作为蜂箱的历史悠久，除此之外，还有竖式蜂箱、多层木盒式蜂箱。引进蜂群之后，可以直接用引进时的蜂箱继续饲养，也可以换到专门饲养的蜂箱。

适合饲养的蜂箱

用于饲养的蜂箱当中，多层木盒式蜂箱是较为有代表性的。多层木盒式蜂箱可以作为等候箱来使用，也比较容易自行制作，制作费用低，广受喜爱。

在长野县诹访市饲养日本蜜蜂的"金式研究所"的岩波金太郎先生使用的是巢框式蜂箱。巢框式蜂箱最大的亮点是能够抽出或放进巢框进行内检。通过内检能够确认储蜜、育儿和王台的状况，能够对分蜂做到防患于未然，在分蜂前也可以进行人工分蜂。在分蜂季也不必忧心忡忡。采收蜂蜜时只需将蜜脾取出进行取蜜即可，蜜蜂负担也较小。

不过，对于想要尽可能在自然环境中饲养蜜蜂，不太做日常管理，任由蜜蜂发展的人来说，多层木盒式蜂箱会更适合。

适合作为等候箱的蜂箱

如果使用圆木式或竖式等传统的蜂箱来饲养，在采收蜂蜜时需要将内部的全部巢框都取出来，蜜蜂的负担较大。

圆木式蜂箱
造型接近日本蜜蜂生活的自然环境，非常适合作为等候箱，制作时需在圆木上钻孔。

竖式蜂箱
竖式也是蜜蜂喜欢的造型，比圆木式容易制作。

既适合作为等候箱也适合用来饲养的多层木盒式蜂箱

多层木盒式蜂箱是由几个四方形蜂箱叠在一起制成的，具有容易制作的特点，同时也是蜜蜂喜好的竖式结构，从古至今都备受欢迎。取蜜时只需取下最上方储蜜的蜂箱即可，对蜜蜂造成的负担小。

蜂箱中间用细竹签架成十字形或井字形，防止蜂巢掉落。

很多人会在蜂箱与蜂箱之间贴上胶带。盖上波浪板可以挡雨，防止木材老化。巢门形状各式各样，右图所示的是可以拉开的巢门。

容易管理的用于饲养的巢框式蜂箱

巢框式蜂箱也有各种类型，本书中介绍的是没有巢础的"金式蜂箱"。由于没有巢础，采收蜂蜜时不能使用分蜜器，需要将整个巢脾压碎才能取蜜。

蜜蜂在巢框上造脾。

不使用人工巢础的自然巢框式蜂箱，宽度为19.1厘米。这样即使不使用铁丝或巢础，巢脾蜂巢也不会掉落。这款蜂箱是将巢框安装在横式蜂箱上。材料使用轻便、透气性好的日本花柏材。

吸引野生蜂群

日本蜜蜂的饲养从将蜜蜂引入等候箱开始。从蜜蜂的角度出发，准备一个蜜蜂想进入的蜂箱吧。接下来将介绍适合引入的时期及理想的放置场所。

看准时机准备等候箱

与意蜂不同，日本市面上没有销售日本蜜蜂的蜂种，一般通过吸引野生蜂群来饲养如果有熟人在饲养野生蜜蜂，也可以跟熟人商量分一些分蜂群来饲养。

饲养野生蜂群有两种方法：一种是将自然的原蜂巢拿来养；另一种是吸引分蜂群。近年来有一些地区野生蜂巢数量下降，如果没有经验，移植原有蜂巢是比较困难的。本书将介绍吸引分蜂群的方法。

原蜂巢在哪里

日本蜜蜂喜欢把蜂巢造在樱花或橡树等宽叶植物较多的森林里。一般蜜蜂会把蜂巢筑在树洞里，有的也会筑在神社佛堂屋檐下或墓碑上。

什么时候吸引蜂群

根据岩波先生的经验，春季分蜂一般在樱花盛开后2周到1个月。樱花开花之后，其他的花也会逐渐开放，对于蜜蜂来说，此时是采蜜采粉的最佳时节。分蜂往往也是在这个时候开始的，建议在这个时候可以做好准备。

即使错过了这个时期也无须放弃，因为已经分蜂1次的原蜂群会在梅雨前后再次分蜂。

另外，日本蜜蜂在胡蜂发起攻击或意蜂容易发生盗蜂的夏秋之际会出现逃走的现象，有的人也会引进这些逃走的蜂群。

从春季到秋季，放置等候箱，耐心地等待日本蜜蜂的到来。

更容易吸引日本蜜蜂的技巧

烤木头的表面
将新木头放在雨中冲刷，去除新木头的味道，再用喷火枪将表面烤焦，蜜蜂便会安心地进去。下图中的蜂箱模仿圆木式蜂箱的形状，将木板围起来。

可以取下盖子
提前设计成可以取下盖子的结构，这样一来方便将蜜蜂从等候箱转移到其他蜂箱。

将蜂巢碎屑熔化涂在蜂箱上
将取蜜后的蜂巢碎屑熔化后涂在蜂箱的内外侧。碎屑有蜜蜂的味道，可以提高引入蜂群的概率。

等候箱的准备和放置位置

比起横长、四方形的空间，日本蜜蜂更喜欢竖长形的圆形空间。因此，最好准备圆木式或竖式、多层木盒式蜂箱作为等候箱（参见第138～139页）。

顺利吸引蜂群后，将蜂群转移到饲养的蜂箱。蜜蜂不喜欢新蜂箱，可采用140页介绍的方法对蜂箱进行加工，较容易吸引蜂群。

放置等候箱的位置，最好是蜜蜂想住的地方，要点请参考右边的检查列表。最肯定的一点就是要在原蜂巢附近吸引分蜂群。已经在饲养的蜂巢也可以作为原蜂巢。如果已经有人在养了，可以咨询是否能将等候箱放在蜂巢旁边。

有些人说自己已经在同一个地方放了好几年了可还是不见蜜蜂进来，那就说明位置不对，要换到别的地方。

视野较好的树林边缘位置适合放置等候箱。

☑ 等候箱设置位置检查列表

- □ 选择朝东或朝南的森林与田地的分界处等视野开阔的地方
- □ 大树或石头的下方（负责侦察的蜜蜂会将它们作为标志）
- □ 有适度日照（夏凉冬暖的地方）
- □ 不会被强风吹到的地方

❁ 利用多花兰

多花兰是兰科植物，能够发出引诱蜜蜂的香气。在等候箱附近放置盛开的多花兰，成功吸引蜜蜂的概率也就更大。多花兰有几种改良品种，可以选择当中有效的品种。不过，有时候多花兰的花期与分蜂季不重合，这时可以使用一些能够散发出多花兰香气的人工制品来代替。

日本蜜蜂被花香引诱飞来帮忙授粉。不过，多花兰的花不会产花蜜。意蜂不会被这种香气吸引。

多花兰授粉后就不再产生引诱物质了，因此可以拿网把花罩起来避免授粉。

蜂箱的放置和移动

成功将蜂群吸引到蜂箱后便可以开始饲养日本蜜蜂了。

这时，如果不能在设置等候箱的位置饲养则需要转移。

另外，我们将为大家介绍从等候箱转移到其他饲养箱的方法。

蜂箱应当朝东或朝南

　　期待已久的野生蜂群进入等候箱后，就可以开始饲养了。如果直接在放置等候箱的位置饲养蜜蜂则无须移动，如果是其他情况，则需要移动蜂箱。这时候如果操之过急马上移动蜂箱，会把费了好大功夫引来的蜜蜂吓跑，所以移动需要谨慎进行，最好等蜂群开始育儿再开始，有蜂儿在蜜蜂也就不会轻易逃走了。另外，还有一些工具能够防止蜜蜂逃走（参见第143页）。

　　移动时不要一点点地移，而应该装在车上一次性移动。时间选在日落时，蜜蜂出入变少的时候，或者早上气温尚低，蜜蜂出动之前。即使是下雨天也没有关系。

　　要注意不要震到蜜蜂，可以在蜂箱底部铺上毛巾或坐垫，并在上方叠加一个蜂箱来防止倒塌。在巢门处可以用铁网、胶带或图钉等封住出口，这样既可保证通气，又不让蜜蜂穿过。

　　关于蜂箱的放置位置，请参考右上方的检查列表。

⬢ 可以剪掉蜂王的翅膀吗

　　出于蜂王不能飞就逃不了的理由，剪掉蜂王的翅膀是防止逃走或分蜂的方法之一。但是，试站在蜜蜂的角度想一想。想逃跑也飞不了，该怎么办呢？日本蜜蜂的性格普遍比意蜂的要温和，不会蜇人。但是，如果剪掉蜂王翅膀，蜂群的工蜂会变得脾气暴躁，会经常蜇人。

　　养蜜蜂要经常为蜜蜂考虑，不要做蜜蜂讨厌的事情。

☑ 蜂箱放置位置检查列表

☐ 朝南或朝东日照较好，避开西晒，选择早上能晒到阳光的地方

☐ 避开北风等强风经过的地方

☐ 避开湿气重的地方，雨水堆积的地方也不好

☐ 避开牲口圈或堆肥的地方

☐ 选择震动少、噪声少的地方

早上能够晒到阳光的树荫是比较理想的位置。不要直接放在地面上，要放在台子上来确保通气性。

将蜜蜂从等候箱转移到巢框式蜂箱

如果是既适合作为等候箱也适合用来饲养的多层木盒式蜂箱，可以直接用它来饲养。如果要把蜂群转移到更加容易管理的巢框式蜂箱，要如何操作呢？这时，选择蜜蜂开始育儿的时候移动就会比较顺利。

蜜蜂希望往高处暗处走，我们可以利用这一习性来移动蜂群。具体步骤如下。

巢门上装有防止蜜蜂逃走的工具。即使不使用这个工具，也要确保蜜蜂不会逃走。

✿ 预防蜜蜂逃走

蜜蜂如果感觉舒适便不会逃走，逃走肯定是有理由的。

最多的理由是蜜源不足。蜂箱的周围是否有充足的蜜源呢？蜂农需要种植一些蜜源植物，根据情况补充饲料（参见第156页）。

另外，蜜蜂也会因为震动或烧木柴的烟雾而逃走。因此，要避免将蜂箱放在路旁等有震动的地方。胡蜂的来袭或意蜂的盗蜂也是日本蜜蜂逃走的原因。

有一种工具叫蜜蜂防逃器，能够防止蜜蜂逃走。不过，使用这种工具后，蜂王不能够外出，如果在蜂王交尾飞行前使用，蜂王就不能飞出去交尾了。

将蜜蜂从竖式等候箱转移到横式巢框式蜂箱

❶ 准备横式巢框式蜂箱。

❷ 拉开横式巢箱式蜂箱的底板，把蜂箱竖起来。

❸ 去掉竖式等候箱一边的盖子，和巢框式蜂箱连在一起。这时，要使巢框式蜂箱高于竖式巢箱，且稍稍倾斜。

❹ 用扫帚拍打蜂箱，让附着在巢脾上的蜜蜂转移到另一个蜂箱中。逐张取下巢脾，最后破坏蜂球，蜜蜂便会全部都移动到另一个蜂箱。

❺ 放置好巢框式蜂箱便完成了。图中的蜂箱放在了屋檐下。等候箱中蜜蜂造的巢脾可以拿出来取蜜或者用来酿蜂儿酒。

日常管理工作

根据蜂箱形状和饲养方式的不同，相应的操作也会发生变化。

既有完全不照料的方法，也有切切实实管理的方法，可以根据自己的想法选择相应的饲养方式。

根据蜂箱和饲养方式的不同，
作业内容千差万别

与意蜂相比，日本蜜蜂的管理工作会骤然减少。作业内容也会因蜂箱、饲养方式的不同而有变化，观察蜜蜂进入巢门的情况是主要的工作。

如果采用传统的圆木式或竖式蜂箱，除了采收蜂蜜以外，无须过多照料。出于想要看蜜蜂而养蜂的人，只需要在没有蜂群的时候整理一下巢框、取一些蜜、打扫打扫。这可以说是原本生活在野外的日本蜜蜂特有的饲养方式。

本部分将介绍采用多层木盒式蜂箱和巢框式蜂箱饲养时的管理工作。关于分蜂期的管理和蜂蜜的采收，请参照后面介绍的相应内容。

蜜蜂精神抖擞地进入巢门，说明蜂群有活力（上图）。
多层木盒式蜂箱内部，从下往上所看到的场景（下图）。

多层木盒式蜂箱的管理工作

用多层木盒式蜂箱饲养时，主要的工作便是增减蜂箱。蜂房从上至下逐渐变大，我们需要根据蜂房的成长状态增加或减少蜂箱。如果发现蜂房往下生长，须在蜂房碰到箱底之前追加蜂箱。反之，如果越冬前蜂箱下方有多余空间，则应相应地减少蜂箱。蜂箱增加的方法请看第145页的插图。

蜂房的成长状况可以通过镜子从蜂箱下方确认，也可以通过相机照相确认。

巢框式蜂箱的管理工作

巢框式蜂箱虽方便人进行管理，但是相比其他蜂箱，工作内容也增加了。

与意蜂相同，我们只需观察蜜蜂进出巢门的状况，一定程度上就能知道蜂群的状态（参见第60页"根据外观可以了解的情况"）。 内检大约每2周1次。金式研究所采用的巢框式蜂箱能够放入14张巢框，饲养时把全部巢框都放进去。巢框中没有巢础，因为蜜蜂会自己造天然蜂巢，因此没必要增加带有巢础的巢框。内检时如果发现蜜蜂造了赘脾，则把它们去除。日本蜜蜂比意蜂耐寒，因此也无须用带有饲喂器的保温板将它们分隔以达到保暖的效果。

内检时应注意检查储存的蜂蜜是否占用了育儿的空间。发现产卵育儿空间变少时可通过采收蜂蜜的方法确保育儿空间。分蜂期的内检将在第148页进行介绍。

增减多层木盒式蜂箱的箱数

多层木盒式蜂箱的截面图

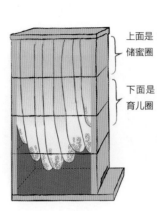

上面是
储蜜圈

下面是
育儿圈

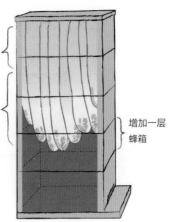

增加一层
蜂箱

❶ 蜂巢延伸到下方时增加蜂箱。

❷ 增加一层后的效果。同样的方法可增加至5~6层。减少时则是反方向操作。上层可在适当的时期采收蜂蜜（参见第153页）。

开始饲养时可以放3层蜂箱，根据蜂巢成长，逐渐增加至5~6层。

图中是抱起多层木盒式蜂箱最顶端部分时看到的场景。蜂巢从上往下延伸。

巢框式蜂箱内检时的步骤

❶ 将手放在巢门，给蜜蜂一个开门的信号。等待蜜蜂爬到手上就表示可以开门了。

❸ 提起巢框确认巢内状态，根据需要采收蜂蜜或去掉赘脾后将巢框放回原来的位置。

❹ 往往靠近角落的巢脾会变成蜜脾。

❷ 打开盖子，拿掉放在上面的帆布。岩波先生使用的是帆布，不是麻布。

图中展示的是巢框倒挂之后的样子。上梁的底部是凸出来的三角形。以三角形为中心，蜜蜂会在三角形下方造出蜂巢。

吸引分蜂群

春季是分蜂的季节。如果能够很好地吸引从原蜂巢分出来的分蜂群，便可以实现增群。接下来我们将介绍吸引分蜂群的要点。

分蜂的诀窍是巧妙地使用分蜂板和带气味的物质。

吸引初春分蜂的蜂群实现增群

    蜜蜂通过被称为"分蜂"的分巢行为在自然界中繁衍。饲养日本蜜蜂的人，对于分蜂所采取的措施各异。既有放任不管不去吸引分蜂群的人，也有通过吸引分蜂群来增群的人，还有管理蜜蜂防止其分蜂、维持现有蜂群数量的人。我们在这里将介绍吸引分蜂群的方法。人工分蜂的方法请参见第148页，关于分蜂的机制请参见第82页。

    另外，也可能会出现多次分蜂后蜜蜂消失不见的情况。只有当蜂场周围蜜源植物丰富时，才可能在同一个蜂场同时饲养多个蜂群。如果没有丰富的蜜源植物，一般一个地方建议饲养2~3个蜂群。

聚集在分蜂板上的蜂球。如果分蜂群心情较好就很少会蜇人。

分蜂群的工蜂的腹部存有较多的蜂蜜，因此呈黄色。

日本蜜蜂雄蜂的封盖。雄蜂羽化时盖子会掉落，盖子中间会有一个孔。观察到封盖掉落后，往往经过2~7天便开始分蜂。相比之下，意蜂便没有雄蜂封盖这一现象。

日本蜜蜂的雄蜂（中央），比工蜂大一圈，全身呈黑色，眼睛较大。

吸引分蜂群的要点

蜜蜂往往会从春季到初夏多次分蜂。我们把原蜂箱的蜂王开始的第一次分蜂称为第一分蜂，之后的称为第二分蜂、第三分蜂。也有从分蜂群再次分出来的分蜂群，分蜂群汇集后，可以将其收在空蜂箱中。吸引分蜂群的有效方法主要有以下2种。

提前设置分蜂板

从原蜂巢分出来的分蜂群往往会在蜂巢附近形成一个蜂球，我们可以在蜂群容易汇集的地方提前设置好分蜂板。蜜蜂比较喜欢粗糙的稍微昏暗的地方。另外，曾经使用过的分蜂板会带有味道，能够提高蜜蜂汇集的概率。

用日本花柏树皮制成的分蜂板。

卷上麻布的分蜂板。

气味使蜜蜂更容易聚集

我们在第141页介绍了能够释放日本蜜蜂喜爱的气味的多花兰。在空蜂箱附近放置多花兰能更容易使蜜蜂聚集。

聚集在多花兰上的分蜂群（上图）。蜜蜂喜欢往昏暗的高处飞，因此将蜂箱紧贴在蜂球的上方，蜜蜂自然就会飞进去（右图）。

不能顺利吸引分蜂群时怎么办

方法1

当蜜蜂不造蜂球直接飞走时

第一次分蜂时，蜜蜂往往会事先定好去向，因此分蜂群不会就近造蜂球，而是直接飞走。这时，如果能捕捉到蜂王就好办些。蜂王往往在2/3的蜜蜂飞走之后会飞出来，这时可以用网把蜂王抓起来，然后小心翼翼地将蜂王放进空蜂箱。将空蜂箱放在飞出来的工蜂旁边，工蜂自然便会进入。

捕捉蜂王放入空蜂箱（上图）和围着蜂王的工蜂（下图）。

方法2

当吸引到的分蜂群逃跑的时候

蜜蜂对自己进入的蜂箱不满时便会逃走。使用新蜂箱时请参见第140页介绍的方法，给蜂箱涂上蜂巢碎屑能使其带有气味。

人工分蜂

櫻花盛开约2周后便进入分蜂季。

这个时期应每隔2～3天内检1次，通过人工分蜂来增群。

通过内检可以了解蜂箱内部的状况，也能够轻易发现王台，王台出现是分蜂的前兆。

利用王台分蜂

巢框式蜂箱的好处在于容易内检，从而能够容易掌握巢内的情况。由于能轻易发现王台，因此也就可以预测分蜂时期，从而摧毁王台预防分蜂。如果想增群，也可以对蜂群进行人工分蜂。

如果春季蜜源丰富，可以将1个蜂群增加为3个蜂群。接下来我们将以14张巢框的蜂箱为例介绍分蜂步骤。首先，从原有蜂箱中分别取出1张带有王台的巢框放到A箱和B箱中。之后再分别取出3～4张蜂儿较多的巢框和蜜脾放到A箱和B箱。原蜂箱中留下有蜂王的巢框1张和蜂蜜较少的巢框2～3张。在蜂箱中空出来的位置分别放进新的巢框。根据王台、蜂儿数量和蜂蜜的量，可以将蜂群分成2个群或3个群。

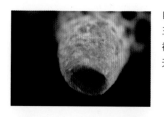

自然王台即将形成。等王台封盖，且封盖变成褐色便可以分割了。几天后蜂王便会羽化。

选择有较多幼虫或蜂蛹的巢框。把这样的巢框转移到新的蜂箱。

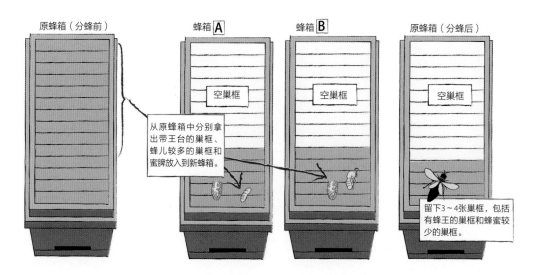

原蜂箱（分蜂前）　　蜂箱 A　　蜂箱 B　　原蜂箱（分蜂后）

空巢框　　空巢框　　空巢框

从原蜂箱中分别拿出带王台的巢框、蜂儿较多的巢框和蜜脾放入到新蜂箱。

留下3～4张巢框，包括有蜂王的巢框和蜂蜜较少的巢框。

合并没有蜂王的蜂群

蜂群没有蜂王，渐渐地就会败落。

没有蜂王之后，没有工作的蜜蜂们便开始游手好闲。

内检时如果发现没有蜂儿则要怀疑蜂王是否不在，并考虑合并蜂群。

在有王蜂群上方叠加无王蜂群的蜂箱

如果蜂王因某些原因不见了，没有能够造王台的蜂卵或幼虫，蜂群就会逐渐败落。没有蜂王后，不久工蜂便会开始产卵，此现象称为工蜂产卵。但是，由于工蜂产下的都是非受精卵，长大之后都是雄蜂，蜂群最终会败落。

在蜂群败落之前，我们可以考虑合并无王群和有王群。成功合并蜂群的关键在于在有王蜂群上面叠加无王蜂群的蜂箱。这是因为，蜂王的外激素会往上传播，等蜂王的外激素传播到无王蜂群便可以合并蜂群了。不过，能够合并的时期一般是在春季到初夏，这时蜂群比较有活力。夏季开始之后就比较难以成功了。

不管是巢框式蜂箱还是多层木盒式蜂箱，合并的步骤都是相同的（请参照下列插图）。

工蜂产卵时往往会在一个蜂房中产下多个蜂卵。蜂王不见后，当工蜂尾部开始呈茶褐色，说明即将产卵。

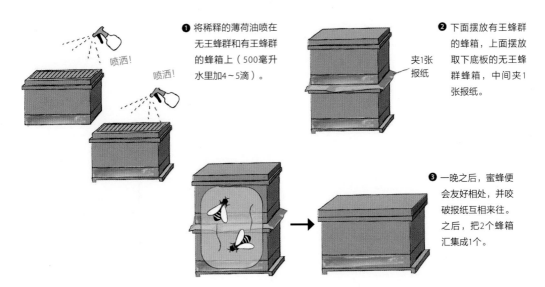

❶ 将稀释的薄荷油喷在无王蜂群和有王蜂群的蜂箱上（500毫升水里加4~5滴）。

喷洒！

喷洒！

❷ 下面摆放有王蜂群的蜂箱，上面摆放取下底板的无王蜂群蜂箱，中间夹1张报纸。

夹1张报纸

❸ 一晚之后，蜜蜂便会友好相处，并咬破报纸互相来往。之后，把2个蜂箱汇集成1个。

日本蜜蜂蜂蜜的采收

采收蜂蜜的时期与方法根据蜂箱种类、巢框结构的不同而各不相同。

根据取蜜量不同，饲养方法和采收方法也不同。

下面我们以巢框式蜂箱和多层木盒式蜂箱为例介绍采收蜂蜜的步骤。

饲养方式不同，
采收时期和取蜜量也会变化

日本蜜蜂蜂蜜的采收方法和时间各异。既有1年取蜜2～3次的人，也有2～3年才取1次蜜的人。较多的是1年取1次蜜。采收时间也不同，从春季到秋季一直都有人采收蜂蜜。

如果蜂箱为圆木式或竖式

如果使用巢框不可移动的传统蜂箱饲养，则要每年1次将全部巢框卸下来取蜜。如果不想伤害蜜蜂，建议选择在春季取蜜。

第一次分蜂后约17天，蜂王飞走之前产下的蜂卵和幼虫已经成长为成虫，这样就能在不伤害蜂儿的情况下取蜜。

如果春季的分蜂不如我们想象的顺利，可以在农历七月十五之前（尽量在7月以内）取蜜。之后，蜜蜂可以在晚夏到秋季期间造巢储蜜，对蜜蜂造成的负担较小，也能期待蜜蜂过冬后在来年春天进行分蜂。

如果蜂箱为巢框式

巢框式蜂箱方便我们确认巢内的状况，我们可以根据具体情况取蜜。即使是分蜂季，也可以削去王台，进行人工分蜂，随心所欲地进行管理。如果储蜜过多，占用了育儿圈的空间，即可迅速取蜜。

等储蜜量足够了就可以取蜜，通过重复这些步骤，可以使蜜蜂保持采花采蜜、产卵、育儿的意欲，最终使蜂群强大，取蜜量也就会变多。

如果是多层木盒式蜂箱

如果是多层木盒式蜂箱，取蜜时只需从最顶部的储蜜圈获取蜂蜜，对蜜蜂造成的负担较小。不过，由于巢内难以看清，注意不要过度取蜜。采收时期可以选择在春季或夏季，也有很多人是在秋季，这样一来蜜蜂原本为了过冬而储存起来的蜂蜜量便会减少，越冬成功的概率便会下降。即使提供饲料也不能很好地解决问题。因为冬季气温下降后，糖液就不能很好地被吸起。取蜜建议在农历七月十五之前完成。

饲养日本蜜蜂的人，大多是将蜜蜂当宠物对待，目的不在于取蜜。光是看着蜜蜂在巢门进出的样子就已经很快乐了。

巢框式蜂箱的取蜜步骤

对蜜蜂负担较小的取蜜法

　　巢框式蜂箱使我们可以重复取蜜，确认储蜜满了，就可以取了。因为只需要取出蜜脾，所以对蜜蜂的负担较小。一般认为日本蜜蜂的采蜜量要低于意蜂。但使用这个方法，在同等蜜蜂数量的情况下，日本蜜蜂的采蜜量有时能超过意蜂。

❶ 打开蜂箱盖子，确认储蜜情况，取出蜜脾。

❷ 如果蜜蜂附着在上面，用蜂扫扫走。

❸ 切掉没有蜂蜜的部分。

❹ 用刀具把储蜜部分干净地从巢框上卸下来。

❺ 在盆上架上筷子，将筛子放在上面。

❻ 切下附着在巢框的蜂蜡等。蜂蜡可以保存起来作为蜂巢碎屑吸引蜜蜂（参见第140页）。可以进一步精制后使用。

❼ 将蜂巢弄碎，使蜂蜜容易出来。

❽ 将蜂巢放在筛子中。

❾ 蜂蜜从筛子流下来。为了预防巢虫，这个步骤要在24小时内完成。

❿ 取出来的蜜。建议在没有蜜蜂的室内进行。

多层木盒式蜂箱的取蜜步骤

切开最上层的蜂箱取蜜

从多层木盒式蜂箱取蜜时，需将最上层的蜂箱切开。蜜蜂在最上层储蜜，因此把这一部分切下来，可以在不伤害蜜蜂的前提下进行取蜜。

用铁丝谨慎地切开蜂箱。取蜜后，按照原来的样子将盖子放回。两人一起操作比较方便。

❶ 用铁丝切开盖子，拿走盖在上面的麻布。

❷ 将铁丝放在一层和二层蜂箱之间，握住铁丝一端，拉动另一端，小心谨慎地切开蜂箱。

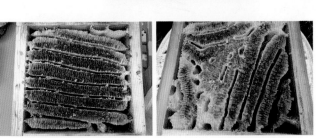

❸ 储蜜部分。左边的巢脾并排在一起；右边是另外一个蜂箱，巢脾的摆列方式各异。

❹ 切下巢脾。巢脾里有为了防止蜂巢掉落而架的细竹签（参见第139页右上图），切的时候需要注意。

❺ 弄碎蜂巢取蜜。后面的步骤与第152页的步骤❽~❿相同。

日本蜜蜂饲养 Q&A

我们请教了金式研究所的岩波金太郎先生

通过罩上竹帘来防日晒。

像左下角一样在四个角落放置木片垫高箱子。

Q1.

夏季要如何防暑呢?

A. 夏季建议将蜂箱放在树荫下或者放一些能够挡住阳光的东西,不要让阳光直射蜂箱。初夏到立秋后暑气尚存的期间,可以在蜂箱的四个角落,在蜂箱底板和蜂箱之间放上薄木板,垫高蜂箱,保证通气性。这时要注意把空隙控制在5毫米左右,防止胡蜂等进入。这样一来,蜜蜂不单能够从巢门进出,也可以从底板进出。操作起来很简单,也可以防止夏季蜂巢掉落。

Q2.

需要准备喝水的地方吗?

A. 需要。为了保证蜜蜂能够随时喝到新鲜的水,可以设置一个有流水的地方。特别是在夏季,蜜蜂为了降低巢内温度,会往巢内运水,因此需要有一个储水的地方。

Q3.

蜂箱会不会因为台风而倒塌呢?

A. 如果是使用较高的多层木盒式蜂箱,则需要在台风来临前及强风时采取措施。可以在蜂箱上放大石头;如果蜂箱较高,也可在地面打上锚钉,用绳子固定好蜂箱。

在蜂箱上面的帆布上放一些新鲜薄荷叶。

Q4.
有什么应对武氏蜂盾螨的方法?

A. 饲养意蜂需要对狄斯瓦螨采取对策，日本蜜蜂较少受狄斯瓦螨侵害，但比较容易受到武氏蜂盾螨的入侵，而意蜂能够和武氏蜂盾螨和谐共生。

如果武氏蜂盾螨入侵日本蜜蜂，日本蜜蜂会通过梳理行为来使蜂螨掉落。

薄荷能有效抑制武氏蜂盾螨。我建议使用新鲜的薄荷叶。也有人使用薄荷结晶或精油，但是这些产品的味道对于蜜蜂来说过于浓烈。

新鲜叶子的使用方法很简单，只需要在春季到秋季，在蜂箱的上梁和盖子之间放一些薄荷叶。选择几枝约15厘米长的枝叶即可，每周更换1次。武氏蜂盾螨通常寄生在刚刚羽化的幼蜂身上，如果都是老蜜蜂，可以在秋季再开始采取对策。薄荷生长旺盛，且是多年生植物，能自然繁殖，也可以在花盆里栽培。我选用的是日本薄荷中被称为"北斗"的薄荷。

日本薄荷"北斗"。

Q5.
越冬时需要采取御寒对策吗?

A. 日本蜜蜂比意蜂要耐寒。在长野，冬季最低气温达−15℃，即便如此，不采取特别的措施蜜蜂也都能越冬，不过可以使巢门的进出口变窄，这个做法能有效御寒。

比起寒冷，我认为秋季采收蜂蜜才是导致越冬失败的根本原因。本来蜜蜂储蜜是为了越冬，可是由于秋季采收蜂蜜让蜜蜂没了食粮，食粮不足的情况下蜜蜂甚至会杀害幼虫。这样一来，巢内年轻蜜蜂数量减少，只剩下一些年老的。蜜源减少，气温下降，而年老的蜜蜂还得造巢采蜜、浓缩花蜜，这对它们来说无疑是雪上加霜。为了避免这种情况出现，蜂农应在农历七月十五之前结束取蜜，这将有助于蜜蜂成功越冬。

给蜜蜂提供糖液时，可以在塑料容器中放入一块木板让蜜蜂落脚。可以在容器和木板上涂上蜂蜡。将容器放在底部靠着蜂箱壁，蜜蜂比较容易吸到糖液。

在上梁和盖子之间放代用花粉。放在底部蜜蜂会吃不到，应放在上面。

Q6.
需要提供饲料吗？

A. 在早春、夏季或秋季等蜜源较少的时节可以给蜜蜂提供饲料。我调制糖液使用的是上等的白糖，以糖和热水1:1的比例，再加入少许盐。秋季可以比这个浓稠2~3成，春季则相反，比这个要稀释2~3成。代用花粉也可以使用市面销售的产品，我是自己调配的，将经过发酵的酒糟和砂糖按4:1的比例，加一些日本蜜蜂的蜂蜜搅拌在一起。建议使用优质纯米酒的酒糟（如果是意蜂则加入意蜂的蜂蜜即可）。

Q7.
如何应对巢虫？

A. 巢虫的繁殖与温度、湿度有关。保持蜂箱干燥能够预防巢虫。由于巢虫长在底部，在底板和巢框之间留出空间能有效预防巢虫。夏季可以将蜂箱放在有树荫的阴凉地方，底板可以用网眼较细的金属网来代替。蜂箱的材料如果能采用湿气不易聚集的日本花柏则更佳。另外，取蜜后的蜂巢碎屑如果不经冷藏直接保存也会变成巢虫的温床，建议将碎屑冷冻2~3天，之后常温保管就不会有巢虫了。

早春，蜜蜂会将不适用的蜂巢咬碎，推到外面。蜂箱底部即使有碎屑，如果能够确保通风透气，也不容易出现巢虫。

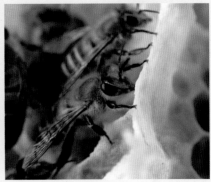

Q8.

蜂蜡有哪些使用方法呢？

A. 可以将蜂蜡熔化精制，用来做蜡烛（参见第126~131页）。另外，我们家会制作蜂蜡霜，做法非常简单，材料为蜂蜡10克、荷荷芭油40克、玫瑰水20克、硼酸（如果有的话）1把。

将精制的蜂蜡放在盆里隔水熔化后，加入荷荷芭油、玫瑰水和硼酸，用起泡器均匀搅拌。硼酸和水、油混合在一起能够起到乳化剂的作用。将盆泡在冷水中，继续搅拌，直到盆里的液体变成奶油状，一般呈白色黏稠状且很柔滑便做好了。可以连续使用2~3个月。

Q9.

如何应对胡蜂呢？

A. 夏季到秋季是胡蜂来袭的季节。相比意蜂，日本蜜蜂有对抗胡蜂的方法，遭受毁灭性打击的概率较小，尽管如此还是要多加小心。可以采用胡蜂捕捉器，或是用粘鼠胶。

Q10.

手工制作蜂箱有什么注意点呢？

A. 蜂箱的容量最好在24~38升。1个蜂群中日本蜜蜂的数量比意蜂要少，如果蜂箱过大，会导致保温性下降，不利于蜂群成长；如果过小，蜂箱一下子就满了。箱板厚度建议为30毫米左右，太薄御寒抗暑性能差，太厚不利于搬运。很多人使用杉木作为材料，我建议使用透气性较好的日本花柏。可以根据自己喜欢的形状进行加工。

第4章
蜜蜂的生态和
饲养的历史

蜜蜂的家族由蜂王、工蜂、雄蜂构成。蜜
蜂是以蜂王为中心经营集体生活的社会性
昆虫，有着许多非常有趣的特性。
我们将在本章介绍惊人的蜜蜂生态，包
括不同蜜蜂的分工、将花蜜制成蜂蜜的
过程及蜂巢的构造等。

蜜蜂是怎样的生物

蜜蜂从一朵花飞去另一朵花，帮助植物授粉、结果，还给人类带来蜂蜜、蜂蜡、蜂王浆等惠赠。蜜蜂是人类重要的伙伴，其生态也有着很多有趣的地方。

春天飞到油菜花上采花蜜、花粉的蜜蜂。

蜜蜂是花蜂的一种

　　本书介绍了意蜂和日本蜜蜂的饲养方法。实际上世界上被称为蜂的昆虫多达10万多种，包含没有被分类的种类在内，据说蜂是所有生物中最大的种群。而蜜蜂则是当中被称为"花蜂"的蜂里进化程度最高的一种。世界上大约有2万种花蜂，生活在日本的大约有500多种。蜜蜂的特征，正如其名，就是能够产蜂蜜。包含意蜂、日本蜜蜂在内，现存有9种蜜蜂。在经营集体生活的社会性昆虫中，蜜蜂以其高度的社会系统而出名。以1只蜂王为中心，数万只工蜂和数千只雄蜂形成1个蜂群，作为命运共同体一起生活。

　　工蜂在花丛间收集花蜜，回到巢中分给众多的伙伴。接收花蜜的蜜蜂通过无数次吐出花蜜，将花蜜暴露在空气中，蒸发水分，从而提高糖分浓度，并在酶类的作用下使花蜜转变成蜂蜜，得以长期保存。人类所利用的正是蜜蜂通过不断努力产出的珍贵的蜜。

　　同样产蜂蜜的丸花蜂，也是与人类关系密切的蜂种。但其所生产的蜂蜜没有经过像蜜蜂一样的加工过程，因此丸花蜂的蜂蜜含水量高，储蜜量也比蜜蜂要少得多，人类不使用其蜂蜜。可以看出，蜜蜂的蜂蜜是非常珍贵的。

蜜蜂的身体构造

工蜂身体上有着用于收集花蜜、花粉的完美结构。

咽下腺
分泌制作蜂蜜所需的酶等。

复眼
由许多小眼组成，能够区分花的样子。

单眼
在头顶部有3个单眼，用于感受光的变化。

蜜胃
用来暂时保存、搬运花蜜的器官。

蜡腺
分泌造巢所需的蜡。

触角
用于感知气味、温度、湿度等。

体毛
绒毛非常细，分布均匀，用于保持体温。

纳萨诺夫氏腺
分泌外激素来和伙伴们沟通。

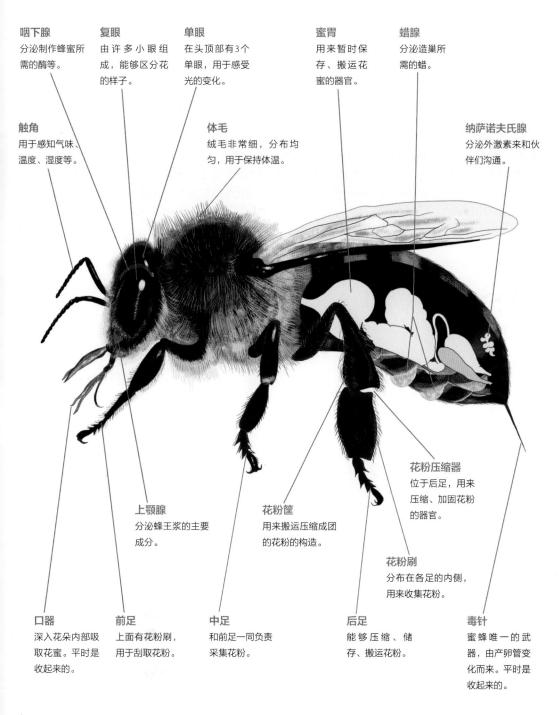

上颚腺
分泌蜂王浆的主要成分。

花粉筐
用来搬运压缩成团的花粉的构造。

花粉压缩器
位于后足，用来压缩、加固花粉的器官。

花粉刷
分布在各足的内侧，用来收集花粉。

口器
深入花朵内部吸取花蜜。平时是收起来的。

前足
上面有花粉刷，用于刮取花粉。

中足
和前足一同负责采集花粉。

后足
能够压缩、储存、搬运花粉。

毒针
蜜蜂唯一的武器，由产卵管变化而来。平时是收起来的。

蜜蜂的生态

数万只工蜂和雄蜂围绕仅有的1只蜂王形成一个集群。它们在蜂巢中完美地构建起一个社会。

作为社会性昆虫的蜜蜂

蜜蜂经常被称为经营集体生活的社会性昆虫。蜂群作为集体生活的单位，代表着一个生命体。

上小学的时候你是否也观察过蚂蚁呢？1个蚁巢中有1只蚁后，还有大量的工蚁在收集食物。看起来蚂蚁的社会和蜜蜂十分相似。实际上，从分类学上来说，蚂蚁也是蜂的一种。不管是蚂蚁还是蜜蜂，都会建立一个大的集群，在集群里面有王、工、雄的阶层分工，各自发挥自己的作用，由此提高整个群体的效率，提高生存的能力。

群的成员除了蜂王以外，就只有蜂王产下的工蜂和雄蜂。也就是说，蜂群由一个母亲和她的许多孩子构成，一个蜂巢就是一个非常大的家族。

蜂王不断地产卵，根据巢室大小区分产下受精卵和非受精卵。受精卵和非受精卵分别孵化成雌蜂和雄蜂。大部分雌蜂会变成工蜂，只有极小部分会成为下一代蜂王的候选者。雌蜂成为工蜂还是蜂王，要看雌蜂吃什么食粮（参见第166页）。

虽说都是工蜂，但是并不是全部工蜂都去采花粉和花蜜。工蜂有着各种各样的分工，既有负责蜂巢打扫或育儿的，也有负责造巢或储藏食粮的。日龄不同，分担的工作也不同（详细内容请参见第168页）。

工蜂和雄蜂以蜂王为母亲形成家族。

🐝 区分产卵

人类经常会说到生男生女的问题，而蜂王则能够完美地区分生男生女。

蜂王通过交尾，体内的储精囊便存有雄蜂提供的精子。产卵时，蜂王首先用前足检查巢室的大小。如果是普通大小的巢室，蜂王则从储精囊中边取出精子边受精，产下日后孵化成工蜂的受精卵。如果是较大的巢室，蜂王便会关上储精囊的盖子，产下日后孵化成雄蜂的非受精卵。

蜂王的产卵数量一旦下降，蜜蜂们便会制作一个称为王台的特别的房间并把蜂王赶到房间里产卵。蜂王在房间中产下下一代蜂王的候选者，交给工蜂们抚养。

蜜蜂的能力

工蜂在进化的过程中掌握了用于收集花粉和花蜜的各种能力。

·行动范围

国外有报告称蜜蜂能够飞10千米左右，在日本，蜜蜂的飞行距离是2～4千米。按照人类的体重来换算，这个距离相当于人类行走200万千米（相当于往返月球2.5次）。可见这个距离是多么惊人。而蜜蜂每天不断地采集花粉花蜜，来回重复10次以上。

·学习记忆能力

飞出巢外的工蜂，如果发现好的蜜源，便会一直往那里去。遇到收成大的蜜源，工蜂会动用包括视觉、嗅觉在内的全部能力，记住蜜源的香气、颜色、形状、采到花蜜和花粉的时间等，下次就可以直接从蜂巢飞去蜜源。

·视觉

单眼只能感知光的强弱，复眼则能够识别颜色、形状和动静。

·嗅觉

蜜蜂没有鼻子，但有一个环形山状的感觉器官，能够区分不同香气。

·味觉

蜜蜂的舌头、足关节、触角能感知味道。

·听觉

蜜蜂触角能够感知翅膀拍打的声音。

·触觉

与嗅觉相同，蜜蜂通过触角和覆盖在身体上的毛状细小器官来获取信息。

通过蜂舞或外激素交流

工蜂用于交流的手段中，为人熟知的便是蜂舞——8字舞，通过蜂舞传送有无蜜源的信息。

发现优质蜜源的工蜂回到巢中，便会在巢框上小幅度摆动尾部，边走动边画出8字。周围的工蜂便会跟随其动作，用触角读取蜜源的信息，通过尾部摆动传递蜜源所在方位和距离。蜜源非常近时摆动会较激烈，有时只是简单地画圈。

另外一个手段便是外激素。蜂王通过分泌蜂王物质这种外激素来抑制工蜂卵巢发育，从而维持巢内秩序。而工蜂则分泌警报外激素，在察觉到危险时向伙伴发出警报。各种各样的外激素也是蜜蜂沟通的手段之一。

工蜂聚集在蜂王周围照料蜂王。蜂王被围起来的状态称为"围王"。

蜜蜂吃什么

工蜂负责收集花蜜，这可以说是常识了。除此以外，还有负责收集花粉的工蜂。花粉和蜜一样，对于蜜蜂来说是非常重要的营养源。蜜被蜜蜂储藏在名为蜜胃的地方并运到蜂巢，花粉则是蜜蜂用花粉刷刮下后保存在后足的花粉筐中再搬运到巢室。

花粉到了巢室后，由青年工蜂将花粉咬碎，用头部顶住加固，变成一个能够长期保存的"花粉面包"。"花粉面包"是幼虫重要的食粮。

青年工蜂吃下花粉后会从咽下腺分泌出乳液，从上颚腺分泌出酸性物质，吐出营养十分丰富的蜂王浆。蜂王浆用来喂养作为蜂王候选者的幼虫，幼虫变成蜂王之后也会终生吃蜂王浆。另外，与蜂王浆成分几乎相同的物质也会喂养给工蜂的幼虫，不过只有3天。3天过后，它们便吃"花粉面包"。

储存在工蜂蜜胃中的花蜜，则通过蜜蜂口口相传分给巢内的蜜蜂。巢内的蜜蜂接过花蜜后，通过在蜜胃进出而蒸发花蜜水分，使蜜的浓度上升到可以储存的程度。花蜜本来的糖分浓度大约为40%，通过这一系列操作，糖分浓度可上升到80%。另外，在由咽下腺分泌出来的多种酶的作用下，花蜜便变成人类也可以利用的蜂蜜。花蜜中的蔗糖在转化酶的作用下会分解成葡萄糖和果糖等单糖。

1只蜜蜂1次飞行能带回来的花蜜为20～40毫克。要收集一小匙的蜂蜜，1只蜜蜂需要工作5天。如果收集1调羹，1只蜜蜂则需要采蜜14000次。

蜜蜂把花粉团子放在后足的花粉筐中运回巢内。

花粉筐和花粉团子
蜜蜂把从花丛采到的花粉装在后足的花粉筐中搬运回巢。

花粉团子不断变大。

意蜂和日本蜜蜂的不同

在日本，养蜂所用的蜜蜂有两种——意蜂和日本蜜蜂。

让我们来了解一下日本固有品种日本蜜蜂和意蜂的不同。

		意蜂	日本蜜蜂
每群蜜蜂数量		2万~4万	数千至2万
工蜂形态	体长/毫米	12~14	10~13
	体重/毫克	70~120	60~90
	体色	黄褐色至黑褐色系	黑褐色系
	后翅的翅脉 M_{3+4}	没有或者只是有痕迹	明显
	腹部第六节的白色条纹	没有	明显
工蜂的发育时间		21天	约19天
蜂巢构造	巢框间隔	宽	窄
	工蜂蜂房直径/毫米	约5.1	约4.6
	工蜂蜂房数/100厘米²	约410	450~500
	雄蜂蜂房数/100厘米²	约270	约390
	雄茧顶部的小孔	没有	有
性质	采饵圈	广	小
	对外部刺激的反应	迟钝	敏感
	急造王台	容易有	不容易有
	工蜂产卵	不容易发生	容易发生
	分蜂蜂球的形成位置	小树枝交叉位置	较粗的树枝根部
	逃走	几乎没有	频繁
	换气扇风	头部朝着巢门	尾部朝着巢门
	蜂群聚集时的排列方式	不整齐	朝上排列
	震动身体行为（对抗外敌时）	没有	明显
	发出嘶嘶声	没有	明显
	收集蜂胶	收集	不收集
	盗蜂	集体	以个体为单位
	对抗胡蜂的行动	通过刺针	通过蜂球热杀
	对抗狄氏瓦螨的能力	受害大	有抵抗能力
	对抗腐臭病的能力	受害大	有抵抗能力

注：本表摘自佐佐木正己《蜜蜂看到的花世界》。

蜜蜂家族

一个蜂群代表一个家族。家族里有1只蜂王、数千到数万只工蜂和数千只雄蜂，另外还有许多将会成长为蜂王、工蜂和雄蜂的蜂卵、幼虫和蜂蛹。

齐心协力生存下去

对于蜜蜂这种有不同阶层的社会性昆虫，人们往往会认为蜂王君临于蜂群内所有蜜蜂之上。实际上，蜂群是由全体蜜蜂共同作业维持起来的命运共同体。作为全员母亲的蜂王、作为女儿的工蜂和作为儿子的雄蜂，大家齐心协力，在自然界谋求生存。

蜂王

一个蜂群中唯一的一个母亲就是蜂王。蜂王的工作是产卵。蜂王1天可以产下1000~1500个蜂卵。其中90%是日后将成长为工蜂的受精卵，剩下的是日后成长为雄蜂的非受精卵。蜂王还会分泌被称为蜂王物质的外激素。外激素传达给巢内的工蜂，既能表示蜂王健康，也可以抑制工蜂卵巢发育。

蜂王产卵一旦下降，工蜂为了培养后继的蜂王，便会在蜂巢的角落设置一个特别的产卵的地方，称为王台，并把蜂王赶到王台中产卵。3天后，王台里的蜂卵孵化，工蜂会为幼虫提供蜂王浆这种特别的食物，6天后幼虫化蛹，7天后羽化，新蜂王便诞生了。

一个蜂群只需要1只蜂王。后继蜂王羽化前，旧蜂王便会带走半数的家族成员飞走，这就是分蜂。

另一方面，羽化后7天左右，新蜂王就会外出进行交尾，与多只雄蜂交尾后归巢。2~3天后便开始产卵，之后新蜂王便像母亲一样每天不断产卵。

蜂王的寿命一般为3~4年，第二年开始产卵

蜂王
体长13~20毫米
负责产卵

工蜂
体长10~13毫米
负责巢内外各项工作

雄蜂
体长12~13毫米
在繁殖季节和新蜂王
进行交配

蜂王即便成为成虫，仍然吃工蜂提供的蜂王浆。

能力便会下降，因此养蜂时一般每隔1年便会更换1次蜂王。

工蜂

工蜂占蜂群的一大部分，是蜂群中的一大势力。工蜂由受精卵孵化而来，性别全部为雌性。蜂卵产下后约3天孵化，与蜂王相同，幼虫期为6天。不过食物与蜂王不同，幼虫最开始会吃与蜂王浆成分类似的物质，3天后吃的是花粉和蜜。蛹期12天，即蜂卵经过21天羽化。之后根据日龄不同从事的工作也会发生变化（详细内容请参见第168页的介绍）。

夏季出生的工蜂寿命为30天左右，如果是秋季出生的，包括越冬时期，寿命能够持续4～5个月。

雄蜂

蜂王会根据巢室大小区分产卵。大多数情况下蜂王会区分产下变成工蜂的受精卵和变成雄蜂的少许非受精卵。雄蜂体形比工蜂矮胖，眼睛较大。

雄蜂与工蜂相同，蜂卵3天后孵化，幼虫期为6天（食物与工蜂相同）。不过，变成蜂蛹后羽化需要15天，即蜂卵经过24天变成雄蜂。

雄蜂的工作是交尾，所以平时在巢中无须干活，食物从工蜂处获取（有时会扇动翅膀帮助调节蜂巢的温度）。

春天是新蜂王外出交尾飞行的季节，这时雄蜂会飞出巢外，在空中等待蜂王到来，如果运气比较好则可以与蜂王交尾。交尾后，雄蜂因生殖器断裂而死亡。

交尾季结束，存活下来的雄蜂回到蜂巢，但最终会被工蜂赶出巢外，等待它们的将是被饿死的命运。

工蜂根据年龄在巢内外从事不同工作。就像名字一样，工蜂是工作的蜜蜂。

羽化后的雄蜂，开始时在巢内不用干活逍遥自在，最终走向交尾的死亡之路。

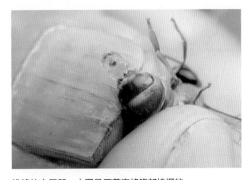

雄蜂的交尾器。本图是压着蜜蜂腹部拍摄的。

工蜂的工作

蜜蜂一家中，数量占大多数的便是工蜂。

工蜂在巢内巢外负责不同的工作，但并不是永远只做同一种工作。

在短短的一生中，工蜂负责的工作不断变化。

青年工蜂和经验丰富的工蜂的工作

工蜂的一生从羽化后算起大约有30天，没有一天能够安稳下来，羽化之后马上就作为内勤蜜蜂开始工作，最开始是负责打扫蜂房。蜜蜂是非常喜欢干净的昆虫，稍有一点垃圾，它们便会将其扔到巢外。

接着，工蜂便开始负责给晚辈喂养花粉面包，给蜂王喂养蜂王浆的工作。

另外，工蜂还要进行温度管理和换气工作，让巢内保持在最适宜育儿的35℃。特别是夏季，如果温度过高，它们会通过扇动翅膀来给巢内降温。

同一个时期，有一些工蜂会从腹部的蜡腺分泌出蜡来造蜂巢。

过了这个时期，它们便开始接收外勤蜜蜂采来的花粉和花蜜，把花粉和花蜜变成适于储存的形式。

负责外勤工作前，它们会先负责看门的工作，在蜂巢进出口扎营，保卫蜂巢，防止胡蜂等外敌或者其他蜂群的工蜂来盗蜜。有时也会拼上性命，使用毒针击退敌人。

最后等待它们的就是收集花蜜、花粉和水的外勤工作。这些工作由最年长的经验丰富的工蜂来负责。说起工蜂，我们往往会想起它们在花丛中飞舞的姿态，实际上那只是它们众多工作中的一小部分。

出于卫生管理，巢内死去的蜜蜂会被马上搬出巢外，也有很多蜜蜂知道自己死期将至，会自己到巢外结束生命。

管理温度的"旋风部队"。扇风时意蜂会将头部朝着巢门（上图），日本蜜蜂会将尾部朝着巢门（下图）。

采集花粉和花蜜的工作可以说是工蜂最后的工作。

工蜂的工作随日龄而变化

工蜂的一生当中，角色不断变化。我们可以根据工蜂所从事的工作，推算其大概的日龄。

打扫蜂房

羽化后3～5天的工蜂负责打扫蜂房。用口衔着垃圾带到蜂房外。把垃圾从巢门丢到外面的工作由日龄稍大的工蜂负责。

育儿

羽化后3～10天的工蜂给幼虫喂养花粉面包，为蜂王分泌并喂养蜂王浆。

温度管理

与育儿同时期进行。调节温度，通过扇风使巢内保持在一定的温度。

造巢

羽化后10～20天的工蜂会分泌蜂蜡，做出我们熟悉的六边形的蜂房。

外勤

工蜂大概从羽化后的第20天便开始负责收集花蜜和花粉等比较辛苦的外勤工作，一直到死去。

看门

羽化后半个月的工蜂开始看门，负责保护蜂蜜，保护蜂巢不被外敌入侵。

储藏花粉

与储蜜同时期进行。将从外勤蜜蜂处拿来的花粉加固储藏。

储蜜

与造巢同时期进行。从外勤蜜蜂处获得花蜜，进行浓缩储藏。

蜂巢的构造

蜜蜂的巢有许多整齐排列的正六边形的蜂房。

这种结构就是我们熟知的耐冲击的蜂巢结构，是自然界诞生出来的美丽形状。

蜜蜂的巢到底是用什么做的，又是怎样做出来的呢？

蜂巢是用蜂蜡做的

蜂巢的原料包括花蜜和从工蜂蜡腺中分泌出来的蜡。蜂蜡遇到空气就会凝固变成形状像鱼鳞一样的蜡片，蜜蜂咬碎蜡片和唾液揉在一起用来造巢，并用触角测量孔的大小，制作成六边形。

自然界中的蜂巢，由几张板状的巢构成（1张板称为巢脾）。养蜂时，提前在蜂箱中放入几张巢础框，工蜂就会在此基础上造巢脾。巢脾两侧整齐排列着六边形的蜂房，为了加强结构，两边六边形的底部会稍稍错开。蜂房既可以用来育儿，也可以当起居室，或者用来储藏蜜或花粉。

蜂巢里有什么

蜂王会在蜂巢中心位置开始产卵。孵化后的幼虫到羽化为止的时间，都会在最开始被产下的地方度过。

通常，蜜蜂会将花粉储存在产卵、育儿空间的外侧，而将蜜储存在更加外侧的位置。不过它们并没有严格地区分空间。浓缩完成的蜂蜜会被封盖。

蜂蛹羽化后腾出来的空间会被用于储存花粉或蜜，有时候也会被再次用来产卵或者培育新的工蜂。

蜂王产卵能力衰退后，工蜂便会在巢脾下方造王台，用来培育新蜂王。另外，如果蜂王由于某些原因不见了，工蜂们会造急造王台（参见第83页）。

蜂房表里都为蜂巢结构。
本图为日本蜜蜂的蜂房。

巢脾下方有多个王台。

意蜂的蜂巢

这个例子中的巢脾有育儿圈、王台。大多数情况下，中间的空间会用于育儿，周围用于储蜜和储花粉。

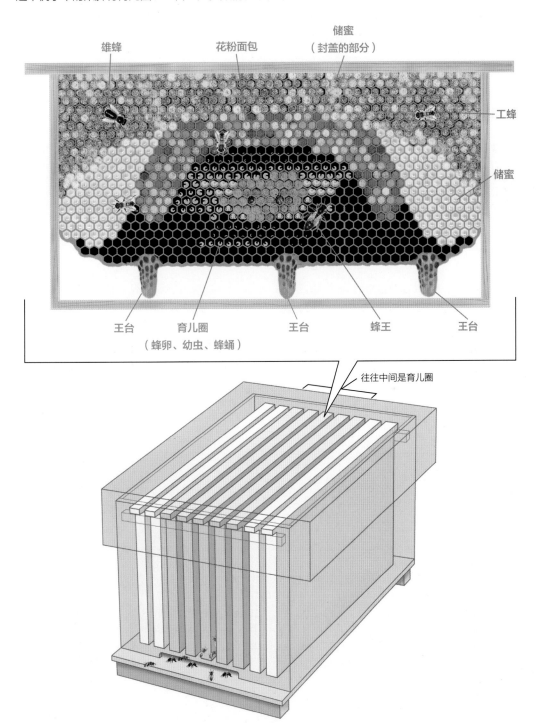

雄蜂

花粉面包

储蜜
（封盖的部分）

工蜂

储蜜

王台

育儿圈
（蜂卵、幼虫、蜂蛹）

王台

蜂王

王台

往往中间是育儿圈

蜜蜂和人类的关系及养蜂历史

约公元前6000年的西班牙洞窟的壁画上即出现了一名类似女性的人物在取蜜的图案。由此可见,蜂蜜贯穿于人类历史之中。

世界各地的养蜂

早在公元前,人类出于想要获得糖分和滋养健身的目的就开始利用蜂蜜。中世纪欧洲的日耳曼民族,在结婚时新婚夫妇会喝1个月蜂蜜酒,用来滋补身体,努力"造人"(这便是honeymoon——蜜月的由来)。一直到近代,人们在夏末的时候摧毁蜂巢、从蜂巢取蜜的原始采收蜂蜜的方法都没有改变。

16世纪开始,关于蜜蜂的各种科学研究取得进展,美国及澳大利亚开始养蜂。

进入19世纪,美国的牧师兰斯特罗思发明了带有巢框的蜂箱。接着德国人梅林发明了蜂蜡制的巢础,奥地利人赫鲁什卡发明了第一台离心分蜜机。人们开始了对蜜蜂较温和的现代的养蜂方式。

日本的养蜂

日本也是从古代就开始利用蜂蜜,在平安时代的律令细则《延喜式》中,也记录了当时上贡蜂蜜的内容。江户时代,以现在的和歌山县为中心,盛行饲养日本蜜蜂。幕府末期,据说有一名叫贞市右卫门的人(外号为"蜜市")饲养了几百群蜜蜂。

日本近代的养蜂以1877年政府从美国进口意蜂为开端,渐渐地岐阜县成为养蜂的中心,日本特有的移动养蜂也开始盛行。

1963年,蜂蜜进口实现自由化,对于养蜂人来说是一个苦难的时期。不过出于安全性考虑及授粉需求的高涨,也有很多人购买日本国产蜂蜜,蜂农数量也开始逐渐增加。

到了近代,巢框式蜂箱的发明与应用,使得世界各地养蜂开始兴起。

自然界开花植物中的80%是通过蜂等访花昆虫授粉结果的。左图是在芝麻菜上访花的蜜蜂，上图是在姬岩垂草上访花的蜜蜂。

蜜蜂和授粉

从经济效益的层面来说，蜜蜂授粉（传粉）的效益是非常高的。许多种植草莓和苹果的农户会请求蜂农将蜂箱放置在园地，来帮助植物授粉。特别是大棚栽培的草莓，其结果大多都有蜜蜂的参与，蜜蜂为有着丰厚果肉和高商品价值的农作物的生产做出巨大贡献。

如果蜜蜂没有参与授粉，草莓的单果重会变得非常轻，即使结果，一半以上也会发育不良。

另外，在畜牧业方面，蜜蜂也发挥着重要作用。牛羊所吃的牧草（三叶草或紫苜蓿），也都是通过蜜蜂授粉长出种子来繁殖的（摘自佐佐木正己《蜜蜂看到的花世界》）。

蜜蜂与自然

自20世纪后半期开始，世界各地纷纷出现了蜜蜂大量死亡的新闻报道。也有报告称北半球1/4的蜜蜂消失了，并指出是由于人类使用了含类尼古丁的农药。2017年，美国将锈斑熊蜂这种过去随处可见的蜜蜂指定为濒危物种。由于自然破坏和农药的使用，蜂类和昆虫受难的时代仍在继续。

除了农业以外，对于自然界来说，蜜蜂也是不可或缺的存在。许多植物都是依靠蜂等昆虫来授粉的。

养蜂以后，我们自然就会注意到蜜源植物。维持一个蜜蜂能够生存的环境，不单是对于人类，对于保护生物多样性也是非常重要的。

第 5 章

种植蜜源植物

蜜蜂会到访许多花，收集花蜜和花粉，帮助植物授粉。说起蜜源植物，人们往往会比较关注花蜜，其实蜜蜂的健康成长离不开花粉。蜂农在了解蜜源植物的同时，也应当多下功夫，使蜂场一年四季都有蜜源植物开花。

什么是蜜源植物、花粉源植物

蜜蜂和植物之间是互帮互助的关系。虽说如此，蜜蜂并不会去所有植物访花。那么，蜜蜂们喜欢到访的都是些什么花呢？

蜜源植物与蜜蜂

植物既可以分为花草与树木，又可以分为种子植物、蕨类、藓类，或是显花植物与隐花植物。从蜜蜂等利用花蜜的生物角度来看，植物大概分成两大类：提供花蜜的植物与不提供花蜜的植物。花粉也是一样的道理。

提供花蜜的植物主要是在授粉时需要昆虫帮助的植物，称为虫媒花。通过风而不需要昆虫授粉的称为风媒花。不过有一些风媒花因能够提供大量花粉也备受蜜蜂欢迎。

关于蜜源植物，仅仅是虫媒花植物，世界已知的种类数量已高达4000多种。那么当中，在日本生长的虫媒花植物又有多少呢？不同的调查结果各不相同，根据佐佐木正己先生在野外进行的蜜源植物调查结果，日本现在有680种虫媒花植物。

蜜蜂访花时会有所选择吗

那么，是不是只要是同一品种的花就可以成为蜜源植物呢？并不是的。根据土壤状态和气候不同，出蜜方式也不同。即使是出蜜的花，蜜蜂也可能不会到访。像火棘这一类的花，虽然蝴蝶和苍蝇会经常到访，可是蜜蜂几乎不去。具体的原因现在还不清楚，不过可以看出蜜蜂在访花时是有所选择的。另外，如果将蜂箱集中在一个区域，即使繁花似锦，但是花蜜早就被采光了，对蜜蜂来说也毫无魅力可言。

相比蝴蝶、螳螂、小鸟等其他帮助植物授粉的生物，访花次数多的蜜蜂可以说是非常优秀的访花者（这些生物统称为授粉者）。其理由是蜜蜂是以蜂群为单位生活的，为了越冬需要储蓄大量的蜂蜜，顾不上对花的种类进行挑三拣四。

夏季自然界中蜜源植物变少，蜂农应积极种植蜜源植物。左图为蜜蜂到访吴茱萸。

种植蜜源、花粉源植物

养蜂时，确保一整年内蜜蜂身边都有蜜源植物是十分重要的。近年来，日本农业衰退，城市化进程加快，绿地面积不断减少。另外，二战后，日本的山林里多种植针叶树，本土的宽叶树林逐渐减少，受其影响，蜜源植物、花粉源植物也在减少。

首先，蜂农应对蜂场方圆1～2千米的范围进行调查，确认何处有何种蜜源植物。另外，根据花粉团的颜色，推测蜜蜂采的是什么花的花粉也很重要。

一般，3～5月、9～10月是花期，除此以外的时间蜜源植物较贫乏。蜂农需要经常思考如何度过蜜源植物较少的时期，如果蜂场周围有空地，可以积极地种植蜜源植物。

如果蜂场位于郊外，可以向邻居分发蜜源植物的幼苗，拜托邻居种植，力求创造一个适于养蜂的环境。另外，如果居民委员会正好在讨论街道或公园种植何种树木，可以在会上积极发言，提倡种植蜜源植物。特别是种树的情况，树木成长到可以采蜜的阶段需要花上好几年的时间，因此应有计划地种植，创造环境。家庭菜园或者园林也有很多植物是蜜源植物。蜂农可以先从力所能及的范围开始着手。

推荐种植的蜜源植物列表

山野	城市（公园、街边、家庭庭院、屋顶等）		空地、河滩等
草本	**草本**	**木本**	**草本**
蓟类	珊瑚藤	金柑	含羞草
野蔷薇类	芦荟类	寒绯樱	柳树
柳兰	牛舌草	大岛樱	细柱柳
木本	茴香	铁冬青	枸杞
白辛树	欧石楠类	山皂荚	蓬藟
菱叶常春藤	新风轮类	樱桃	日本木瓜
泡花树	诸葛菜	紫薇	白车轴草
灰叶稠李	欧亚香花芥	软枣猕猴桃	野蔷薇类
野茉莉	鼠尾草类、百里香类	山椒蔷薇	姬岩垂草
黄檗	黄花紫菀草	醋栗	**适合田地大规模栽培**
北枳椇	薄荷类	地锦	**草本**
树五加	黑莓	椿类	野豌豆
冬青	覆盆子	三角槭	绛车轴草
辽东楤木	薰衣草类	日本七叶树	菜籽类
日本七叶树	迷迭香	腺齿越橘	向日葵
刺楸	**木本**	枣	红花
日本丁香	日本油桐	玉铃花	紫苜蓿
野漆树	山槐	大叶桂樱	紫云英
山樱	落霜红	吴茱萸	
	枳、菱叶常春藤	栾树	
	白辛树	鹅掌楸	

注：本表摘自佐佐木正己《蜜蜂看到的花世界》。

养蜂必须要了解蜜源植物的知识。从植物会有何种花粉和花蜜的角度出发，而不是从植物花与果实的美的角度出发，两种角度所看到的结果完全不同。日本四季变化明显，有着丰富的蜜源，希望蜂农能够不断学习蜜源植物的知识，享受养蜂的乐趣。

春季的蜜源植物

【标记的说明】

蜜·花粉源

说明既有花蜜又有花粉

蜜源

有花蜜

花粉源

有花粉

主要为蜜源

主要是花蜜但也有花粉

主要为花粉源

主要是花粉但也有花蜜

★★★
是优秀的蜜源植物，蜜蜂频繁到访

★★
是不错的蜜源植物，蜜蜂经常到访

★
是辅助性的蜜源植物，蜜蜂偶尔到访

菜籽类（油菜花）

十字花科·芸薹属

蜜·花粉源 ★★★

十字花科是一个庞大的科，包括了包菜和白菜等。虽然蜜蜂会到访许多不同的花，但最钟情的还是油菜花。从油菜花中采到的蜂蜜容易结晶。原本油菜花是春季重要的蜜源植物，但是现在栽培面积急剧减少，对养蜂影响较大。

紫云英

豆科·黄耆属

蜜·花粉源 ★★★

长期盛开，颜色由最开始的粉色变成红色，再由红色渐变成紫色，颜色逐渐加深。在花期即将结束时最好完成采蜜。从紫云英采到的花蜜颜色较浅，有着上等的香味和清爽的口感，长期以来被人们所喜爱。初春，作为水田绿肥的紫云英成了田园里一道亮丽的风景线。不过，现实中种植面积也在急剧减少。

温州蜜柑

芸香科·柑橘属

主要为蜜源 ★★★

在日本，温州蜜柑是一种很有代表性的柑橘，主要作为蜜源，花粉较少。5月中旬便会盛开，蜜量丰富。所产蜂蜜有着柑橘般的香甜口感，特点分明，备受人们喜爱。

野茉莉

安息香科 · 安息香属

蜜 · 花粉源 ★ ★ ★

分布在日本全国的野生落叶树木，初夏开白花。由于野茉莉本身含有毒物质，食用时会刺激喉咙并给人口中发涩的感觉。日本蜜蜂喜欢野茉莉，有些地方的蜂场巢脾甚至会被染成野茉莉黄色花粉的颜色。

供图：佐佐木正己

黄檗

芸香科 · 黄檗属

蜜 · 花粉源 ★ ★ ★

分布在日本各地山间的野生芸香科落叶乔木，是山地的重要蜜源，也很受蜜蜂欢迎。所产蜂蜜呈浅黄色，透明，质优，易结晶。

刺槐

豆科 · 刺槐属

蜜 · 花粉源 ★ ★ ★

初夏，刺槐树上会结满1.5~2厘米的小花，蜜量丰富。所产蜂蜜颜色较浅，味道醇厚，无奇怪味道，香气适中，不会过浓。在日本的受欢迎程度仅次于紫云英蜂蜜。原本产于北美，有时也会被视为外来入侵物种。

苹果（西洋苹果）

蔷薇科 · 苹果属

蜜 · 花粉源 ★ ★ ★

蜜量丰富，对于蜂农来说也非常重要。苹果蜜有着淡淡的苹果香气和酸味。口感清爽，备受欢迎。不过，就像苹果剥皮后容易氧化变褐色一样，苹果蜜也容易带上褐色。

樱花类

蔷薇科·樱属

蜜·花粉源 ★★

樱花有着不同的种类，每一种都可以作为蜜源、花粉源。其种大岛樱备受蜜蜂喜爱，装点山间的山樱也可作为蜜源。具有代表性的染井吉野樱花更是能够产出气味高雅的蜂蜜。

樱桃

蔷薇科·樱属

蜜·花粉源 ★★

作为樱花的同类，樱桃花量丰富。开花时花呈团状。在北美，主要是由蜜蜂帮助授粉，在日本则多是人工授粉。所产蜂蜜有香气且有特有的味道，不过稍带一些酸味，很受欢迎。

阿拉伯婆婆纳

玄参科·婆婆纳属

蜜·花粉源 ★

阿拉伯婆婆纳是早春盛开在路边的有着蓝色可爱小花的植物。开花时，由于较少有其他蜜源、花粉源植物开放，对于蜜蜂来说，这个时期的阿拉伯婆婆纳显得尤为难得。因其果实形似狗的睾丸，所以在日本被称为大犬阴囊。原本产于欧洲，明治时期进入日本。

长柔毛野豌豆

豆科·野豌豆属

蜜·花粉源 ★★★

长柔毛野豌豆原产于意大利，与广布野豌豆为同类。近年来，多种植在果树下或与向日葵混种在一起。另外，由于所产蜂蜜味道近似于紫云英，也常用来替代紫云英。

夏季的蜜源植物

铁冬青 供图：佐佐木正己

冬青科·冬青属

蜜·花粉源 ★ ★ ★

原本为野生植物，生长在日本关东以南的常绿树林中，近年来在蜂农的推广下，也出现在道路两旁。雌花能产优质蜂蜜，雄花可得花粉。同时，铁冬青也是日本爱知县一宫市的市树，其蜂蜜在市面上被称为"福来蜜"。

白车轴草（三叶草）

豆科·车轴草属

蜜·花粉源 ★ ★ ★

说起白车轴草，人们往往会想起白车轴草装点着的牧草地。白车轴草在日本随处都可见，在世界各地也是有名的蜜源植物，不过在日本，像北海道等地方，由于天气较冷，不利于白车轴草生长，蜜量也就没有那么多了。所产蜂蜜香气略有些刺鼻，没有奇怪的味道，较甜。

野漆树 供图：佐佐木正己

漆树科·漆属

蜜·花粉源 ★ ★ ★

从冲绳引进的树，是日本西南地区和静冈县不可或缺的蜜源植物。雌雄异株，每年5～6月便会开放，花小呈黄绿色。蜜量丰富，受蜜蜂喜爱。所产蜂蜜香气四溢，味道较淡。

日本七叶树 供图：佐佐木正己

七叶树科·七叶树属

蜜·花粉源 ★ ★ ★

日本七叶树生长在山间泽地，为野生树木，不过现在也常种植在街道两旁。树高达30米，作为山蜜蜜源，蜜量丰富且质优。所产蜂蜜味道香醇，不容易结晶。花粉为红色，因此蜂蜜也会稍显红色。

树五加

供图：佐佐木正己

五加科 · 梁王茶属

`主要为蜜源` ★★

广泛分布在日本山地间的落叶乔木。其叶带有香气，也作为野菜食用。8~9月为花期。花小，呈浅黄绿色，作为山地间的蜜源十分珍贵。所产蜂蜜醇厚，有些许发涩。

荞麦

蓼科 · 荞麦属

`主要为蜜源` ★★★

荞麦蜂蜜很有特点，呈黑褐色，有特殊味道，但在日本不太受欢迎。营养成分上与荞麦粉相同，有着丰富的芦丁和矿物质。在日本北方及山间等白天夜晚温差大的地区蜜量丰富。

蓟

菊科 · 蓟属

`蜜 · 花粉源` ★★

仅日本国内就有100种以上。蓟类所产的蜂蜜是北海道特产，有些许发涩，总体很美味。蓟花颜色容易变化。蜜蜂接触后，受到刺激的雄蕊会延伸，给雌蕊沾上花粉。

日本虎杖

供图：佐佐木正己

蓼科 · 虎杖属

`蜜 · 花粉源` ★★

日本虎杖含草酸，因此花蜜带有酸味，也叫酸模。常常长在山野、河边、堤岸及树木被砍伐后的空地上。气候、位置不同，流蜜情况也不同。日本蜜蜂比意蜂更喜欢日本虎杖。

柿子

柿科 · 柿属

`蜜 · 花粉源` ★★★

原产于东亚。各地有多个品种，蜜蜂都喜欢造访。柿子雌雄同株，蜜蜂能够从雄花获得花粉，从雌花获得优质的花蜜。在日本福冈和岐阜等地，蜜蜂帮助柿子授粉。

供图：佐佐木正己

食茱萸

芸香科 · 花椒属

`蜜 · 花粉源` ★★

多见于海边，属于芸香科的落叶乔木，树枝上多刺，夏季开绿白色大花。在日本西南部被作为优质的蜜源植物。根据条件不同，流蜜会出现不稳定的情况，有时即使开花了，蜜蜂也不会造访。

玉米

禾本科 · 玉蜀黍属

`花粉源` ★★★

在花粉较难采集的夏季，玉米为蜜蜂提供了大量的花粉。和同样是禾本科的稻谷一样，玉米是重要的花粉源植物，不过相比花粉量少且飞散的稻谷，玉米更适合为蜜蜂所利用。玉米和稻谷、小麦一样，为世界三大谷物之一。

栗树

壳斗科 · 栗属

`蜜 · 花粉源` ★★★

作为壳斗科植物，栗树流蜜量多，蜜蜂喜欢造访。由于栗树有着独特的香气和苦味，蜜蜂往往会在栗树开花之前采蜜。不过，稍带这种味道反而能使蜂蜜味道更加丰富。栗树作为花粉源也很受蜜蜂欢迎。

北枳椇

供图：佐佐木正己

鼠李科·枳椇属

主要为蜜源 ★★★

生长在山地间，花为绿白色。6~7月开花，北枳椇漫山遍野，装点着山地，是代表性的山地蜜源植物，可以看见有许多成群的蜜蜂拍打着翅膀访花的风景。所产蜂蜜散发着果香，很受欢迎。

刺楸

供图：佐佐木正己

五加科·刺楸属

主要为蜜源 ★★

分布在日本全国各地的落叶乔木。木材似桐树，树枝上有刺，因此日文名称为针桐。7~8月为花期，花呈浅黄白色。也曾见过平地种植的刺楸不流蜜的情况。偶尔有秋季开花的，有较多蜜蜂到访。

女贞

供图：佐佐木正己

木犀科·女贞属

蜜·花粉源 ★★

原产于中国的归化植物。6~7月开花，花呈黄白色。由于可对抗盐害和大气污染，常常被用来作为绿篱。日本产的女贞树也是优质的蜜源植物。

臭檀吴茱萸

芸香科·吴茱萸属

蜜·花粉源 ★★★

由于蜜蜂经常到访，因此臭檀吴茱萸也被称为"bee bee tree"。日本的臭檀吴茱萸最开始由美国传入，不过其原产于中国，是黄檗的近亲。臭檀吴茱萸盛开于盛夏，恰逢此时蜜源植物较少，因此臭檀吴茱萸也被称为"最强的蜜源植物"。

髭脉桤叶树

供图：佐佐木正己

桤叶树科·桤叶树属

`主要为蜜源` ★★

落叶乔木或灌木，夏季开花，花小呈白色。年份不同、位置条件不同，每年的流蜜情况会有变动。蜜量越多，蜜蜂越会一直上门拜访。所产蜂蜜香甜，没有特殊味道，容易结晶。

向日葵

菊科·向日葵属

`蜜·花粉源` ★★★

从向日葵中可以采到稍带黄色的浓厚的蜂蜜，花粉含量非常高。向日葵既有日本产的，同时也分布在中国、乌克兰、法国、意大利、阿根廷等地方，是重要的蜜源植物，日本的向日葵多是由这些国家进口。

芝麻

胡麻科·胡麻属

`蜜·花粉源` ★

芝麻可食用的特点早已广为人知，而芝麻如果离开了蜜蜂和丸花蜂的授粉是无法生长的。芝麻的花十分可爱，除了白色、粉红色的花朵以外，还有黄色的花外蜜腺，这也非常受蜜蜂欢迎。其蜂蜜带有独特的风味。

槐树

豆科·槐属

`蜜·花粉源` ★★

多见于路边或庭院的落叶乔木。不过，花的形状不利于蜜蜂采蜜。其蜂蜜有浓郁的香气，也稍带涩味。花蕾中有丰富的芦丁，果实可作为中药，有止血功效。

紫薇

千屈菜科 · 紫薇属

花粉源 ★★★

原产于中国南部的落叶乔木。盛夏开花，花期长，能够长期为蜜蜂提供花粉，是重要的花粉源植物。花朵中间有醒目的黄色花药，用来吸引蜜蜂等。长长的雄蕊前端有黄绿色的花粉，有繁殖能力。

南瓜

葫芦科 · 南瓜属

蜜源 ★★

从初夏到夏季，南瓜开着大朵大朵的花。雌花、雄花都受蜜蜂宠爱。花的蜜腺较大，早上开放后能看到有多只蜜蜂同时吸蜜的罕见场景。花到中午便会枯萎。

姬岩垂草

马鞭草科 · 刺枝属

蜜 · 花粉源 ★★或★

原产于南美的常绿多年生草本植物。繁殖能力强，高5～15厘米。花为白色或浅紫红色，受蜜蜂欢迎。花期为6～9月。同属的岩垂草则生长在温暖地区的海岸或河岸等的岩石上。

薰衣草

唇形科 · 薰衣草属

蜜 · 花粉源 ★★★

说起薰衣草，其香气是最负盛名的。蜜量也丰富，所产蜂蜜香气浓郁。市面上销售的多是从法国和西班牙进口的。北海道的富良野是有名的产地，最近日本本州岛也有栽种，数量在增加。

秋季的蜜源植物

鬼针草

菊科 · 鬼针草属

`蜜 · 花粉源` ★★★

野生植物，多分布于日本关东以西地区。9~11月为花期，头状花序。最近原产于美国的归化植物美国鬼针草渐渐占主流。受蜜蜂喜爱。

加拿大一枝黄花

菊科 · 加拿大一枝黄花属

`蜜 · 花粉源` ★★★

原产于北美的归化植物，进口时原本是观赏性植物。花期为10~11月，花为黄色。有着超强的繁殖能力，布满山野和河滩。所产蜂蜜有浓郁的香气，比起在日本，在美国更受欢迎。

头花蓼

蓼科 · 蓼属

`蜜 · 花粉源` ★

近年来被普遍种植的头花蓼原产于喜马拉雅山区，与荞麦同科。现在也会经常看到野生的头花蓼。花小，蜜量有限，在日本几乎常年开花。日本蜜蜂较喜爱。

茶梅

山茶科 · 山茶属

`蜜 · 花粉源` ★★

在深秋到冬季期间，蜜源较少，此时开花的茶梅是很珍贵的蜜源植物。蜜量丰富，不过如果连续几天气温较低，花蜜会浓缩而变硬，不利于蜜蜂利用。经常可以看到白头翁、绣眼鸟、黄莺在其枝头吸蜜。

波斯菊

菊科 · 秋英属

蜜 · 花粉源 ★★

波斯菊往往用来作为观赏植物。日本玉川大学成功研发出黄色波斯菊，使得花的种类变得丰富起来。作为秋季蜜源和花粉源的波斯菊今后仍有较大的发展空间。波斯菊原产于墨西哥，明治时期在日本得到普及。

土当归

五加科 · 楤木属

蜜 · 花粉源 ★★

茎高超2米的多年生草本植物，除了山间野生土当归以外，也有人工栽培。花期为夏季到秋季，有许多小花。在种植园，成片的土当归是很好的蜜源植物。除了蜜蜂以外，蝴蝶、苍蝇、牛虻、甲虫等各种昆虫也很喜欢土当归。

刺果瓜

葫芦科 · 刺果瓜属

主要是蜜源 ★★

原产于北美的归化植物，常见于各地河边。果实上有长刚毛。花期从夏末持续到秋季，开白花。2006年被指定为外来入侵物种，不过繁殖能力强，对于养蜂业来讲是非常可靠的存在。

乌蔹莓

葡萄科 · 乌蔹莓属

蜜 · 花粉源 ★★

乌蔹莓的日语名意为"使得草丛枯萎"。由于乌蔹莓生命力顽强，生长茂密，掩盖住了草丛，因而会使草丛枯萎。经常长在不常照料的庭院里，因此在日本也被称为"穷酸藤"。花开初期为橙红色，花期从夏末到秋季，是重要的蜜源植物。第二天花朵就变成粉色的，则几乎没有花蜜。

冬季的蜜源植物

枇杷

蔷薇科·枇杷属

主要是蜜源 ★★

盛开在蜜源贫乏时期，是难得的蜜源植物。日本南方也有野生枇杷。由于花期在蜜蜂越冬时期，蜜蜂采蜜较少，不过所采蜂蜜纯度高，有着枇杷特有的香气和些许的涩味，味道独特，值得一试。

梅花

蔷薇科·杏属

蜜·花粉源 ★★

梅花预示着春季要到来，除了可以用于观赏，同时也是蜜蜂越冬结束后的重要蜜源和花粉源。梅子是梅干和梅酒的原料，梅子的生产离不开蜜蜂的授粉。不过气温过低时，蜜蜂则无法帮忙授粉。

供图：佐佐木正己

细柱柳

杨柳科·柳属

蜜·花粉源 ★★

分布于山溪河流的灌木，是早春时节珍贵的蜜源和花粉源。长叶子之前会开银白色的花。日语中称细柱柳为猫柳，原因是其因为其花穗似猫尾巴。雌雄同株，雄花有大量花粉花蜜，雌花能够分泌花蜜。所产蜂蜜味道带有苦味，呈琥珀色。

山茶花

山茶科·山茶属

蜜·花粉源 ★★

在花瓣的中央，有着丰富的花粉。从冬季到春季，山茶花都是重要的花粉源。蜜量丰富，与茶梅一样，如果连日严寒，花蜜就会过于浓稠而不利于蜜蜂吸蜜。园艺品种中有一些雄蕊变成了花瓣，这样一来就只能作为花粉源了。

蜂蜜的颜色、香气和味道

花的种类不同，蜂蜜的颜色、香气也不同

　　天然的蜂蜜，根据所采的花的种类不同，味道与香气也大不相同。

　　不同种类的花蜜混在一起称为百花蜜。日本蜜蜂的蜂蜜就是百花蜜。意蜂由于有采同一种蜜源的特性，因此往往意蜂的蜂蜜会被冠上某一种植物的名称。实际上，蜜蜂去采了何种花，我

们单靠看蜂蜜是看不出来的，一般都是不同的花蜜混在一起的。可以认为主要是采了某种花。我们在这里向大家介绍花园养蜂场所生产的12种蜂蜜。由于蜜源不同，蜂蜜颜色不同，且存放时间长了颜色还会变化，因此仅供大家参考。

栗花蜜
深橙色，有独特的香气和浓厚的味道。铁和维生素含量高。

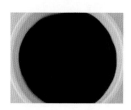

荞麦蜜
味道浓稠，像红糖。香气浓郁，有特殊味道。富含铁、钙、芦丁。

槐花蜜
颜色深，有些许涩味，香气浓郁。富含芦丁，有利于缓解眼睛疲劳。

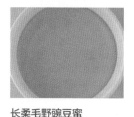

长柔毛野豌豆蜜

（或是紫云英蜜）

也被称为从广布野豌豆的可爱紫色小花上采来的蜜。颜色较浅，香气味道柔和。

油菜花蜜
富含葡萄糖和花粉，是典型的容易结晶的蜂蜜。结晶蜜有奶油的味道。

苹果蜜
浅黄色，有着苹果一样柔和的香气和些许酸味，多产于日本青森县。

柑橘蜜
颜色透明、微黄。有着柑橘的香气和清爽，甜味别致。

刺槐蜜
果糖多，不易结晶，没有特殊味道。

山樱蜜
利用海拔高度差收集起来的春季的蜂蜜，比较罕见。有着像腌制的樱花叶一样扑鼻的香气。

白车轴草（三叶草）
在美国，这是最常见的蜂蜜。有花香，口感顺滑，甜味柔和。

山花蜜
深黄色的百花蜜。主要是黄檗和枫树的花蜜。有着树木的香气，味道浓郁。

野花蜜
掺有野蔷薇花蜜的百花蜜，呈浅黄色，香气浓郁，富含葡萄糖。

蜜蜂和花粉

花的种类不同，花粉颜色也各异

访花的蜜蜂，采蜜的同时也会采花粉。工蜂把采到的花粉弄成团子放在脚上带回蜂箱。花粉有着各自不同的颜色，根据花粉团的颜色，可以大概了解蜜蜂采了何种花。

比如说，如果是紫云英，花粉团便是橙色的；如果是阿拉伯婆婆纳，则是白色的；如果是日本七叶树和芦荟，则是红色的；如果是泡花桐和山慈姑，即为紫色的。花粉为黄色的花较多，不过这里面也分浅黄色和深黄色。

看着蜜蜂脚上的花粉团，想象蜜蜂访问了什么花，这可以说是蜂农的一大乐趣。

值得一提的是，花粉在英文中被称为"bee pollen"，也就是蜂花粉。近年来，蜂花粉也作为营养食品在日本受到关注。

蜜蜂脚上鲜艳的花粉来自波斯菊（右图）和油菜花（左图）。

蜜蜂们脚上带着大大的花粉团子归巢。

勤恳收集花粉的蜜蜂，全身沾满了花粉。右图为吴茱萸，下图为向日葵。

主要蜜源植物的花历

一年四季，蜜蜂们造访这些植物收集花蜜和花粉，带回自己的巢中。

植物	春 4月上	4月中	4月下	5月上	5月中	5月下	6月上	6月中	6月下	夏 7月上	7月中	7月下	8月上	8月中	8月下	9月上	9月中
菜籽类	●	●	●	●	●	●											
头花蓼	●	●	●	●	●												
阿拉伯婆婆纳	●	●	●														
野漆树					●	●	●										
染井吉野樱花	●	●	●														
南瓜					●	●	●	●	●	●	●	●	●	●	●	●	●
细柱柳	●	●	●														
栗树					●	●	●	●	●								
土当归													●	●	●	●	
赤丹	●	●	●														
北枳椇						●	●	●	●								
树五加													●	●	●	●	
樱桃		●	●	●													
玉米						●	●	●	●	●	●	●	●	●	●	●	●
紫云英		●	●	●	●	●	●										
荞麦													●	●	●	●	●
白车轴草		●	●	●	●	●	●	●	●								
波斯菊														●	●	●	●
野蓟			●	●	●	●	●										
刺果瓜															●	●	●
温州蜜柑			●	●	●	●	●										
女贞								●	●	●	●						
鬼针草类																●	●
日本七叶树			●	●	●	●											
髭脉桤叶树								●	●	●	●	●	●				
刺槐			●	●	●	●											
吴茱萸								●	●	●	●	●	●				
茶梅																●	●
苹果			●	●	●	●											
槐树									●	●	●	●	●	●	●		
野茉莉				●	●	●	●										
芝麻									●	●	●	●	●	●	●		
柿子				●	●	●	●										
刺楸									●	●	●	●	●	●	●		
黄檗				●	●	●	●										
日本虎杖									●	●	●	●	●	●	●		
薰衣草				●	●	●	●	●	●	●	●						
紫薇									●	●	●	●	●	●	●	●	●
铁冬青					●	●	●	●	●								
食茱萸												●	●	●	●	●	●
长柔毛野豌豆					●	●	●	●									
姬岩垂草							●	●	●	●	●	●	●	●	●	●	●
乌蔹莓						●	●	●	●								
向日葵						●	●	●	●								

*根据品种不同花期会不同

注：本表参考佐佐木正己《蜜蜂看到的花世界》制作。

*这里的花期是以日本关东地区为基准的，花期会因品种、个体及气候变化等而有所不同。

							秋			冬						
	10月		11月			12月			1月			2月			3月	
中	下	上	中	下	上	中	下	上	中	下	上	中	下	上	中	下

菜籽类

阿拉伯婆婆纳

*据种类和栽种时期不同开花期会不同

染井吉野樱花

细柱柳

赤丹

*根据种类和栽种时期不同开花期会不同

梅花

加拿大一枝黄花

枇杷

*根据品种不同花期会不同

蜜蜂病害虫害的防治方法

在日本，蜜蜂在法律上属于家畜，蜂农应当做好蜜蜂病害虫害的防治工作，以免疾病传染给其他的养蜂场。蜂农可通过日常的细心管理和迅速应对早期症状来防止蜜蜂染病。

蜜蜂也是家畜，
蜂农有责任做好疾病预防

蜜蜂在日本是按照头来计数的，这是因为在日本，蜜蜂在法律上属于家畜，饲养蜜蜂需要向当地有关部门提交申请（参见第25页）。日本家畜传染病预防法中对蜜蜂的疾病做出了规定。除了法定传染病以外，还有其他一类传染病，在这一类传染病发生时，蜂农有义务向家畜保健卫生所报告。

花园养蜂场位处日本埼玉县。每年有关部门都会组织上门检查，确认是否发生了幼虫腐臭病。

蜜蜂疾病大致可分为成虫容易患的病、幼虫容易患的病、主要是意蜂容易患的病、主要是日本蜜蜂容易患的病。每种疾病有相应的环境条件和特有症状，蜂农应做到心中有数，努力进行疾病预防和早期消除。在防虫害的问题上也是如此。

如果错失发现初期症状的时机，没有采取恰当的措施，疾病会逐渐影响采蜜、蜂群壮大，最后扩大到整个蜂群，一发不可收拾。

防病害虫害的基本方法

防病害最好的方法就是使蜂群保持活力，增强蜂群抵抗力。日常细心的管理就能有效地帮助蜜蜂预防疾病，如采取一些缓解寒暑的措施，不要让蜜蜂受冻或过热，多观察蜜蜂以免错过一些初期的症状。

☑ **蜜蜂健康检查列表**

☐ 巢内是否有异臭

☐ 是否出现了翅膀萎缩的蜜蜂

☐ 蜂巢周围是否出现蜜蜂徘徊

☐ 巢门外是否有蜜蜂尸体

☐ 巢门外是否有被丢弃的幼虫尸体

☐ 蜂房盖子是否出现凹陷

☐ 幼虫是否出现变色、死亡

☐ 蜂蛹是否腐烂

☐ 封盖蜂儿是否出现抽丝

☐ 蜜蜂是否出现腹泻

☐ 蜂箱中是否有蚂蚁或蜘蛛入侵

花园养蜂场在内检时，会在巢框上喷一些电解水（参见第15页）。这也是预防蜜蜂疾病的措施之一。为了避免蜜蜂之间互相传染，平常不要频繁地借出或借进蜜蜂。

另外，蜂农也应注意做好蜂箱及其周围的清洁工作。如果在巢门附近发现蜜蜂的尸体，应立即处理。定期做好除草和打扫工作，仔细巡视也非常重要。

蜜蜂的主要病害

幼虫腐臭病

美洲幼虫腐臭病会导致蜂房凹陷，戳开看会发现蜂房中有黏液，发出臭味。

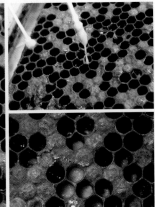

症状

　　幼虫腐臭病有美洲幼虫腐臭病和欧洲幼虫腐臭病，危害性较强的是美洲幼虫腐臭病。通常，装有幼虫的蜂房盖子是鼓起来的，如果蜂房出现些许凹陷，蜂农就要怀疑是否感染了。用牙签戳一戳，如果发现有巧克力颜色的黏液并出现拉丝的情况，那说明一定是得了美洲幼虫腐臭病。如果得了美洲幼虫腐臭病，蜂房还会发出独特的酸臭味，鼻子较灵的人通过味道也可判断是否得病。

应对方法

　　因为不能够将患病巢脾转移到其他蜂箱，所以每当发现患病的巢脾，应当将整个巢脾烧毁。家畜保健卫生所也要求蜂农进行烧毁处理。幼虫腐臭病属于法定传染病，每年有1次检查。不过，如果发现可疑点，应当及时联络家畜保健卫生所，让专家来帮忙看看症状。

法定传染病和规定报告传染病

　　每年，日本各地为了防止传染病蔓延，会根据蜂农提交的申请，对幼虫腐臭病这一法定传染病实施登门检查。如果检查发现蜜蜂感染了该病，则会要求蜂农对蜜蜂实施烧毁处理。

　　除了法定传染病以外，还有规定报告传染病，白垩病、蜂孢子虫病和蜂螨病等则属于这一类。当蜜蜂出现该类疾病时，蜂农有义务向最近的家畜保健卫生所报告。

法定传染病

□ 美洲幼虫腐臭病
□ 欧洲幼虫腐臭病

规定报告传染病

□ 白垩病
□ 瓦螨病
□ 蜂孢子虫病
□ 武氏蜂盾螨病
（※ 主要寄生在日本蜜蜂身上）

瓦螨病

蜂螨寄生在蜜蜂身上，蜜蜂翅膀出现萎缩。箭头所指的是螨虫，呈胭脂红色。

蜂箱下掉落的狄氏瓦螨。

被蜂螨寄生的雄蜂，可以看出其翅膀出现萎缩。

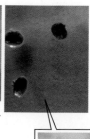

狄氏瓦螨

症状

大多数人可能对瓦螨病这个名字比较陌生，如果说是由瓦螨引起的寄生虫病，或许大多数人就明白了。蜜蜂在羽化之前如果被红色的小瓦螨寄生，蜂蛹体液便会被螨虫吸干，出生后便会出现翅膀萎缩等畸形的症状。

受创较严重的是意蜂，日本蜜蜂能够通过梳理行为，即用足和口器擦拭身体来击退瓦螨。

瓦螨往往会集中寄生在蜂蛹期较长的雄蜂身上。

应对方法

避开采蜜期间，平时可以使用双甲脒和氟胺氰菊酯去除瓦螨（参见第49页）。

另外，在5~7月期间，瓦螨会集中寄生在即将诞生的雄蜂身上，因此蜂农可以使用雄蜂框收集瓦螨，在雄蜂羽化之前，将雄蜂与瓦螨一同清除，这是一种比较有效的方法（参见第81页）。欧美的有机养蜂据说会使用酸性较强的蚁酸来除螨。

蜂孢子虫病

症状

孢子虫是该病的病原体，蜜蜂患病会出现腹泻症状。蜜蜂爱好干净，往往都是在外面排泄，如果发现蜂箱内外突然变得很脏，那就要怀疑是否得了蜂孢子虫病。

孢子虫寄生在工蜂上会导致工蜂无法飞行，只在蜂箱周围徘徊。渐渐地连走都走不动，独自爬到巢门外迎接死亡。

应对方法

蜂孢子虫病多发于初春寒冷地区，蜂农应注意温度管理，通过驱散湿气来预防该病。给蜜蜂提供劣质的蜂蜜，也是发病的原因之一。因此要注意给蜜蜂提供优质的食粮。

花园养蜂场目前还没有发生过此类疾病。家禽家畜饲养出于消毒目的经常会使用石灰，在巢门或蜂箱内及其周围撒一些石灰能够起到消毒的作用。

白垩病

染上白垩病后白化变成木乃伊的幼虫会被推出巢门外。

症状

如果巢门前出现像白色米粒一样的幼虫尸体，那么蜂农就要怀疑蜜蜂是否得了白垩病。幼虫在巢室中固化变白，像木乃伊一样。由于外形看起来像白色粉笔，因此在日本白垩病被称为白粉笔病。

白垩病的病原体是蜜蜂子囊球菌，这种菌在湿气较重、温度30℃以下的环境中容易繁殖，因此白垩病多发于春、夏两季，特别多发于梅雨季节。

应对方法

由于湿冷是发病原因，因此使用保温布等来保温，10~15天后症状便会好转。预防该病，可以使用电解水，电解水能有效杀死病原体子囊球菌。花园养蜂场预防该病时也会使用红糖。揭开麻布，在上梁处将20多块红糖排成3列。经4~5天等蜜蜂吃完了，再按照同样的方式摆放红糖，观察蜜蜂状况。

武氏蜂盾螨病

新鲜薄荷叶能有效帮助日本蜜蜂对抗武氏蜂盾螨（参见第155页）。

症状

武氏蜂盾螨病多发于日本蜜蜂。

武氏蜂盾螨是蚧线螨的一种，通过在春季到秋季寄生在工蜂气管上从而致使蜜蜂发病，到了冬季蜜蜂便会病入膏肓。重病的蜜蜂将无法飞行，只能在蜂箱周围徘徊，最终死去。

日本是在2010年确认有蜜蜂感染该病。

应对方法

有报告显示，用于驱除瓦螨的驱虫剂、蚁酸等同样能有效对抗武氏蜂盾螨。薄荷中含有薄荷醇，可以在蜂箱上放置一些薄荷叶来预防。另外放一些人造黄油和白砂糖的混合物，油脂附着到蜜蜂身上，也能够起到防止武氏蜂盾螨的作用。

蜜蜂的主要虫害和外敌

花园养蜂场设的陷阱里曾捕到过果子狸和野猪，不过倒是没有被这些动物毁坏过蜂场。如果在蜂箱周围做好防护工作，除了胡蜂以外的大部分虫害都能够被拦截在外。如果所在地区有熊，则应当多加注意。

巢虫

巢虫的幼虫。

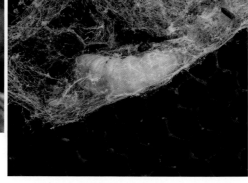

巢虫吐白丝做蛹蛹化。

我们把侵害巢脾的幼虫统称为"巢虫"，具体来说，巢虫是蜡螟的幼虫。成虫蜡螟往往将卵产在从蜂箱中拿出来的用于保存的巢脾，特别是夏季回收的蜜脾。蜂农应当将蜜脾冷藏起来，或是喷一些能够防止微生物制造生产结晶蛋白质的药剂，密封保存（参见第71页）。巢虫喜欢吃巢脾上的花粉等包含蛋白质的残留物，这样会使巢脾变得破烂不堪。

巢虫繁殖季节多为夏季、春季，等到吹北风时便不再发生了。

胡蜂

在袭击蜜蜂的外敌中，胡蜂是最难以对付的。当中需要特别注意的便是大黄蜂，它能够毁灭整个蜂巢。虽然不至于要去把它的巢穴找出来一扫而空，但蜂农还是应当每天仔细巡视，当发现有胡蜂飞来蜂场时，应用网将其捕获。捕蜂工具也有效（参见第120页）。黄色胡蜂会潜伏在蜂箱前面，看到降低飞翔速度的蜜蜂经过便会迅速将其捕获，不过这种情况比较少，蜂农无须过于担心。

养蜂少不了要应对胡蜂。

熊

熊非常喜欢吃蜂蜜，一旦找到蜂箱，便会把整个蜂箱破坏，把蜂蜜和蜜蜂都吃得一干二净。花园养蜂场虽然没有熊出没，不过最近由于山间环境变化，不断有熊为觅食而下山。预防对策就是不要把甜的东西放在外面。如果在室外进行取蜜工作，那么熊就很可能会嗅到这股甜甜的味道。

蛙类

像日本蟾蜍这种威胁蜜蜂生存的大型蛙并不是很灵敏的动物，人们常常会觉得不可思议，这样的动物是怎样捕食蜜蜂的呢？

其实，它们往往都是潜伏在巢门之前，等到蜜蜂从巢门出来，便从一边伸出舌头将蜜蜂捕获，这样就可以无穷无尽地吃下去了。

防止蛙类靠近的方法就是不要把蜂箱放在湿地，也不要直接放在地上，比如可以放在台子上。

蜘蛛

工蜂常常会被蜂箱周边的蜘蛛网缠住，蜂农在每天早上巡视的时候，如果发现蜘蛛网，应及时清理。不过蜘蛛有多种类型，有些蜘蛛并不织网，而是在蜂箱周边来回走动，或者直接从巢门入侵捕食工蜂。发现这些蜘蛛时也应及时去除。

燕子

虽说燕子筑巢是好兆头，可是对于蜜蜂来说，燕子也是天敌之一。外出交尾飞行的蜂王难以归来的时期，往往与燕子的育儿期是相重合的。

燕子会在蜂箱上方盘旋，不断捕食比起工蜂更为显眼的蜂王。燕子一旦记住了位置，便会多次登门，真是令人头疼。

养蜂用语指南

※所标页码并非用语出现的所有页码。本部分主要是对用语进行解释说明。

Apitherapie（API）

API在拉丁语中是蜜蜂的意思。Apitherapie指的是使用蜂蜜等蜜蜂的产物来恢复健康、防止衰老和美容。比蜂针疗法的意思更广。⇒ P125

Royalactin

活性蛋白质，包含在蜂王浆中的未知成分。⇒ P125

采收蜂蜜

指从蜂箱回收蜜脾，放在分蜜器上进行分蜜的过程。
⇒ P106~119、150~153

侧梁

指巢框侧边的木条。⇒ P19

产卵育儿圈

在巢脾上蜂王产卵且有蜂卵和幼虫的部分。蜂王最初在巢脾中心产卵，渐渐地扩展到周边。也称为产卵育儿空间、育儿圈。
⇒ P74、145、170、171

巢虫

侵害巢脾的幼虫的总称。
⇒P156、198

巢础框

指将人工巢础安装在木框上，并将铁线横着埋在巢础中所制成的巢框。⇒ P13、18~21、170

巢框

指安装巢础的木框。⇒ P12

巢门

指蜜蜂进出蜂箱时的出入口。
⇒ P57、73

巢脾

工蜂通过将蜂蜡堆积在巢础上而形成。⇒ P13、170

出房

指封盖蜂房中的蜂蛹变成成虫，咬破封盖羽化的过程。

处女蜂王

指刚生下不久，交尾飞行前的蜂王。

纯粹蜂蜜

指日本《蜂蜜种类表示相关的公正竞争规定》中所规定的不加糖、不经过精制加工的蜂蜜。在日本，加糖蜂蜜和精制蜂蜜也包含在蜂蜜类中，与国际规格不同。

粗蜜

将蜜脾放在分蜜器上得到的最初的蜂蜜。当中还混有较多的蜂蜡等杂质。⇒ P116

代用花粉

指为了促使蜜蜂育儿而放在蜂箱内的花粉代用品。营养接近天然花粉，市面有售。⇒ P66、69、156

单糖类

指不能再水解的糖类，有葡萄糖和果糖等。⇒ P106、124、164

盗蜂

指弱群或无王蜂群被强群袭击，被夺去蜂蜜。⇒ P45、165

断粮

指饲喂器中的糖液或是蜜蜂存起来的蜂蜜、花粉及代用花粉吃光了。
⇒ P42、45、48

发出嘶嘶声

日本蜜蜂等在面对外敌时采取的一种恐吓行为。蜂群集体通过特殊的拍打翅膀的声音向外敌发出警告，在打开蜂箱盖子或感受到震动时也会发出。⇒ P165

法定传染病

指根据家畜传染病预防法，需要进行烧毁处理的重大传染病。
⇒ P25、195

非受精卵

指没有受精的卵。雄蜂诞生于非受精卵。
⇒P78、102、149、162、167

分蜂热

指马上要开始分蜂的迹象。王台的出现是最直接的征兆。⇒P82~87

分蜂

指增势期巢内空间受限，蜂王带领蜂群约一半的蜜蜂离开蜂巢的行为。⇒P82~87、146、147、166

分蜜器

通过将去除封盖的蜜脾放入其中，利用离心力来分离蜂蜜的器械。⇒P109、115~117

封盖

指工蜂盖在蜂房上的蜂蜡。⇒P106、107、171

蜂场

指放置蜂箱、饲养蜜蜂的场地。⇒P23

蜂房

指紧密排列在一起的六角形的蜜蜂的房间。

封盖蜂儿

指封盖的装有羽化前幼蜂的蜂房。封盖蜂儿脾应用在新蜂育成、人工分蜂、抑制工蜂产卵等多个场景。⇒P64、104

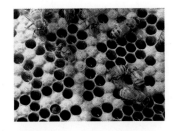

蜂球

指蜜蜂聚集在一起，形成一个球状。一般在分蜂后或越冬的时候出现，也叫蜂块。⇒P53、82、146、147

蜂群

蜜蜂群。蜜蜂是一种社会性昆虫，以部落的形式作为一个整体来行动，多数情况下称为蜂群。

蜂王

吃蜂王浆长大的雌蜂，一般一个蜂群中只有1只。通过外激素使工蜂跟随于它，产卵期每天可连续产上千个蜂卵。⇒P63、92~105、147、166

蜂王笼

用来暂时隔开蜂王的笼子。⇒P93、95、101

蜂舞

指工蜂通过摆尾来向同伴传达蜜源方向及距离的行为。蜜蜂会在巢框上摆尾跳8字舞。花的方位通过8字的中线的朝向表示，而到花的距离则主要通过转身的次数来告知。⇒P163

蜂箱

用来饲养蜜蜂的容器，使用时在内部放入巢框。⇒P12、57、138、139、157

蜂针疗法

指利用蜂毒的功效来治疗各种症状、缓解症状的疗法。⇒P125

隔王板

在采蜜期间用来限制蜂王行动的格子形状的板。既有放在继箱之间的横式隔王板，也有用来分隔巢箱内部的竖式隔王板。在培育蜂群的时候也会使用。⇒P12、75~77、88

工蜂产卵

指无蜂王状态持续使得工蜂开始自行产卵的异常现象。由于产下的蜂卵为非受精卵，因此羽化后都是雄蜂。⇒P102、103、149

工蜂

工蜂是雌蜂。正如其名字一样，在羽化之后，工蜂根据日龄负责内勤和外勤的不同工作。⇒P161、167~169

合群

指将弱群或无王蜂群或有王蜂群合并到一个蜂箱中，促使蜂群壮大。

花粉代用品

⇒代用花粉

花粉面包

指外勤蜜蜂将收集到的花粉交给内勤蜜蜂，由内勤蜜蜂咬碎后装入蜂房，并用头部夯实后所形成的花粉聚合物。英语中称为bee bread，也叫蜜蜂面包。

花粉团子

指工蜂携带在后足花粉筐中呈团状的花粉。⇒P164、191

花粉源植物

蜜蜂以采花粉为目的到访的植物。⇒P177~189

花蜜

指花从蜜腺分泌出来的甜蜜，在被

蜜蜂吸到口器前，其中一半以上是水分。⇒ P106、160、164

霍氏巢框

霍夫曼氏巢框的简称。上梁卡在侧梁上方凹陷部分的结构有利于确保巢框之间蜜蜂活动的空间。相对于郎氏巢框而言。⇒ P13

急造王台

指蜂王突然不见后，将孵化数日后的幼虫所在的蜂房立即进行改造后形成的王台。相对于自然王台而言。⇒P83、103、104、165、170

记住蜂巢位置

指由内勤转为外勤的蜜蜂为了记住蜂箱位置所进行的第一次飞行，也称为记住蜂巢位置的练习飞行。其特征是蜜蜂从巢门飞出蜂巢后，头部朝向巢门发出嗡嗡声响。天气好时蜜蜂多在10:00~14:00期间进行。春意正浓时可以看到蜜蜂进行，大约30分钟后回到巢中。也称为定向飞行。

家畜保健卫生所

设置在日本各地承担提高家畜卫生条件的公共机关，主要负责家畜的传染病预防和家畜疾病的诊断。⇒ P25、194

建势

指的是经过越冬后蜜蜂数量减少的蜂群再次恢复采蜜能力。

交尾飞行

指处女蜂王外出与雄蜂在空中进行交尾的行为。⇒ P73、100、166

结晶蜜

指结晶的蜂蜜。含有较多葡萄糖的油菜花蜂蜜等比较容易结晶。也有人喜欢这种犹如奶油一般的味道。

旧蜂王

指产卵能力下降，即将更替的老蜂王。相对于新蜂王而言。⇒ P101、105

郎氏巢框

指郎斯特罗什氏巢框。其蜂箱巢框已经成为现代养蜂的标准。郎氏蜂箱上有固定上梁和侧梁的金属零部件，能够保证巢框之间的间距，防止压伤蜜蜂。相对于霍氏巢框而言。⇒ P13

流蜜

指蜜源植物分泌花蜜的状态。流蜜最盛期称为流蜜期。⇒ P34、73

麻布

为防止蜜蜂造空巢而特意铺在巢框上的布。可以用装咖啡豆的麻袋来替代。⇒ P12、48、62、77

埋线器

将横跨在巢框的铁丝埋到巢础里的工具。⇒ P21

满群

指放在蜂箱中的巢框上满是蜜蜂的状态。

蜜脾

指储满了蜜的巢脾。回收后用于采蜜或在气温较低的初春时节用来作为蜜蜂的饲料。⇒P107、110~115

蜜源植物

指蜜蜂出于采蜜目的而到访的植物。⇒ P28、29、133、176~189

内检

指打开蜂箱盖子，从不同方面检查蜜蜂状态，把握蜂群况的内部检查。⇒ P60~65、145

内勤蜜蜂

指在巢内负责打扫、育儿、造巢、储藏蜜和花粉等内勤工作的工蜂。由青年工蜂担任。⇒ P106、168

喷烟器

将点燃的麻布的碎片放入其中，用于燃烟的工具，用来让蜜蜂镇静下来。⇒ P15、58、59

强群

指蜜蜂数量多、蜂王产卵顺利且储蜜量丰富的蜂群，相对于弱群而言。⇒ P72

热杀

指移动搬运蜂箱时，蜂箱中的蜜蜂被本身躁动产生的热量所闷死。⇒ P72

人工分蜂

指人工分割蜂群来达到增加蜂群目的的行为。⇒ P86、87、148

人工育成

指主要通过移虫框人工培养优质血统的蜂王。⇒ P93、96

日本国产天然蜂蜜

指的是从蜂箱采集之后只经过过滤，没有再进一步加工的蜂蜜。详细定义请参考日本养蜂协会在《国产天然蜂蜜规格指导要领》中的定义。⇒ P106

日本养蜂协会

由日本全国各地养蜂人员组成的一般社团法人。通过技术普及和构建环境来促进养蜂业的发展。

弱群

指蜜蜂数量少、蜂王产卵少且储蜜量不见增长的蜂群。比较容易遭遇盗蜂或染病。相对于强群而言。⇒ P45、90、91

三角块

塑料制的三角形，固定在巢框上，以此来保证蜜蜂的活动空间。⇒ P13、21

扇风行为

指工蜂为了扇走花蜜中的水分及进行温度管理，拍打翅膀送风的行为。扇风时意蜂头部朝巢门，日本蜜蜂尾部朝向巢门。⇒ P168、169

上梁

指巢框上方的横木。⇒ P19

受精卵

指受精的蜂卵。雌蜂就是诞生于受精卵。相对于非受精卵而言。⇒ P162

饲喂

指给蜂群提供食粮。除了在饲喂器中添加糖液之外，蜂农还会根据时期添加蜜脾或花粉脾，或是放置一些代用花粉来弥补蜂群储蜜不足的情况，让蜜蜂充满活力。⇒ P66~69、156

糖度

糖的浓度。根据日本公正交易协会规定，日本国产蜂蜜的含水量需在23%以下。根据日本养蜂协会的国产天然蜂蜜规格指导要领，含水量需在22%以下。⇒ 107

糖液

将白砂糖溶于水所制成的蜜蜂的饲料，放在饲喂器当中喂食。⇒ P67、68、156

瓦螨

红色螨虫，会寄生并吸取蜜蜂幼虫或蜂蛹的体液，从而使得蜂群衰弱。长度约为1毫米。

外敌

指攻击蜜蜂、捕食蜜蜂的昆虫。⇒ P120~123、198、199

外激素、蜂王物质

蜂王的外激素对于雄蜂来说是性激素，对于工蜂来说，则有抑制工蜂卵巢发育，维持蜂群社会秩序的作用。⇒ P102、163

外勤蜜蜂

指的是外出采花粉和花蜜的工蜂，由晚年的工蜂承担。⇒ P60、106、168、169

王台

指为了培育新蜂王而特别建造的蜂房，分为自然王台和急造王台。⇒ P65、83、84、99、103、148、166、170、171

无王蜂群

指没有蜂王的蜂群。⇒ P91、101~104、149

新蜂王

指出房不久的蜂王。相对于旧蜂王而言。⇒ P98~101、104

性成熟

指刚刚生下的蜂王和雄蜂经过一定时间后达到可以进行交尾的状态。⇒ P100

雄蜂

蜂王产下的非受精卵会发育成雄蜂。其生存目的是与蜂王交尾。
⇒ P44、65、78~81、167

雄蜂框

雄蜂专用的人工巢框。配合雄蜂体型较大的特点，蜂房较普通蜂房大。⇒ P13、78~81

需报告传染病

指根据日本家畜传染病预防法，为了尽早把握信息，防止灾情恶化，蜂农有义务向家畜保健卫生所提交报告的传染病。⇒ P195

咽下腺

指的是工蜂头部用于分泌乳液的分泌腺，也称为乳腺。年轻的工蜂负责合成蜂王浆。⇒ P161

养成群

指给移到移虫框的幼虫喂食蜂王浆、造王台，以及培育新蜂王时所使用的年轻蜂群。⇒ P93、98、99

养蜂振兴法

日本关于养蜂的法律。于1955年制定、2012年修订，现在出于兴趣爱好想要养蜂时也需提交申请。

移虫

人工培养蜂王的方法。将幼虫由蜂房移到人工蜂碗，因此称为移虫。⇒ P93~99

移动蜂农

指的是追随蜜源植物，以移动养蜂为生的蜂农，相对于固定蜂农而言。⇒ P73

诱引液

指用来引诱昆虫等的甜蜜液体。本书中指用来引诱胡蜂的液体。
⇒ P122

育成

指的是比起采收蜂蜜，优先强化蜂群或增群。如果将蜂群用于育成，则需要给蜜蜂提供糖液，该年份则不取蜜。⇒ P36、88、89

越冬

指越过冬季。像蜜蜂一样一边经营集体生活一边越冬的昆虫较少。
⇒ P48~51、155

造巢

指工蜂分泌蜂蜡，堆砌巢础的过程。⇒ P84、126

增势

指增加蜜蜂数量，使蜂群壮大的行为。

种蜂

指开始饲养蜜蜂时最原始的蜂群。
⇒ P24、56

转化

指蜜蜂通过分泌酶类，使得花蜜中的蔗糖慢慢分解为葡萄糖和果糖。蜂蜜是天然的转化糖。

赘脾

指工蜂在造巢旺盛时期，在巢框以外地方所筑的蜂巢。
⇒ P74、126、145

自然王台

指蜜蜂进行蜂王交替或分蜂时有意识地制作的王台。一般建在巢脾下方。相对于急造王台而言。
⇒ P83、148

养蜂用语索引

※ 1. 本索引中的页码是针对养蜂用语集中进行说明的页码，并不是其出现的页码。

2. 本索引主要收录了养蜂用语指南（第200~204页）中没有解说的用语。

蜜源植物索引

参考文献

『蜂からみた花の世界』佐々木正己·著（海游舎）

『養蜂の科学』佐々木正己·著（サイエンスハウス）

『ニホンミツバチ - 北限の Apis cerana』佐々木正己·著（海游舎）

『近代養蜂』渡辺寛／渡辺孝·共著（日本養蜂振興会）

『新しい蜜蜂の飼い方』井上丹治·著（泰文館）

『改訂版スズメバチとアシナガバチ』大阪市立自然史博物館·編著
（特定非営利活動法人大阪自然史センター）

『ミツバチの教科書』フォーガス・チャドウィック他·著（エクスナレッジ）

『ミツバチの絵本』吉田忠晴·編／高部晴市·絵
（農山漁村文化協会）

『ミツバチと暮らす』藤原誠太·著（地球丸）

『ミツバチ飼育技術　講習会テキスト』
（養蜂振興協議会）

『養蜂技術指導手引書』（みつばち協議会）

『飼うぞ殖やすぞミツバチ DVD でもっとわかる』
（農山漁村文化協会）

本书是日本花园养蜂场场主松本文男先生从事养蜂事业20多年的经验总结，通过大量彩色图片加文字说明的编写形式介绍了意蜂的饲养准备、日常照料、蜂群管理、蜂王培育与管理、蜂蜜采收、外敌应对等养蜂的全部环节，以及一年四季不同的管理要点，并附有饲养年历。

　　本书在介绍意蜂的基础上，对东方蜜蜂的亚种——日本蜜蜂的饲养方法和蜜源植物也加以介绍，对于初学者和具有一定养蜂经验的人都有非常好的参考价值，希望作者的思考及养蜂人生，能够为大家养蜂提供些许帮助。

Original Japanese title: YOUHOU TAIZEN

Copyright © 2019 Fumio Matsumoto

Original Japanese edition published by Seibundo Shinkosha Publishing Co., Ltd.

Simplified Chinese translation rights arranged with Seibundo Shinkosha Publishing Co., Ltd.

through The English Agency (Japan) Ltd. and Shanghai To-Asia Culture Co., Ltd.

　　本书由诚文堂新光社授权机械工业出版社在中国境内（不包括香港、澳门特别行政区及台湾地区）出版与发行。未经许可之出口，视为违反著作权法，将受法律之制裁。

北京市版权局著作权合同登记　图字：01-2019-5842号。

原书取材协助：岩波金太郎（第3章）	原书制作团队	
佐佐木正己（第4章、第5章）	企划、编辑：小泽映子	
原书照片提供：岩波金太郎（第136~157页）	摄　　　影：信长江美　松本鲇子　小泽映子	
佐佐木正己[第178~189页/引自《蜜蜂	设　　　计：茑见初枝　臼杵法子	
看到的花世界》（海游舍）]	写　　　作：岩井光子　太久保太郎　小泽映子	
原 书 协 助：松本洋子	编 辑 协 助：竹川有子	
长岛房子（八房养蜂研究室）	插　　　图：山口爱　千原樱子	
池田裕子（日本蜂蜜大师协会）	校　　　对：佑文社	

图书在版编目（CIP）数据

养蜂技术大全 /（日）松本文男著；王丹霞译.— 北京：机械工业出版社，2021.4
　ISBN 978-7-111-67497-9

Ⅰ.①养…　Ⅱ.①松…②王…　Ⅲ.①养蜂　Ⅳ.①S89

中国版本图书馆CIP数据核字（2021）第024740号

机械工业出版社（北京市百万庄大街22号　邮政编码100037）
策划编辑：高　伟　周晓伟　责任编辑：高　伟　周晓伟
责任校对：高亚苗　　　　　　责任印制：孙　炜
保定市中画美凯印刷有限公司印刷

2021年4月第1版第1次印刷
169mm×230mm・13印张・2插页・372千字
0 001-4 000册
标准书号：ISBN 978-7-111-67497-9
定价：79.80元

电话服务	网络服务
客服电话：010-88361066	机 工 官 网：www.cmpbook.com
010-88379833	机 工 官 博：weibo.com/cmp1952
010-68326294	金 书 网：www.golden-book.com
封底无防伪标均为盗版	机工教育服务网：www.cmpedu.com